新能源系列 —— **光伏发电技术及应用专业系列教材**

光伏发电系统设计与施工

GUANGFU
FADIAN XITONG
SHEJI YU SHIGONG

第二版

沈 洁 主 编

孙 艳 崔立鹏 副主编

U0230989

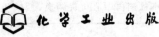
化学工业出版社

·北京·

内 容 简 介

本书以充分体现高职高专教育的特点、提高学生实际动手能力、提高分析解决实际问题的能力为原则，详细讲解了光伏发电系统主要设备的基本原理、选型和安装方法，光伏系统设计施工中的主要步骤、执行方式，对光伏系统设计施工进行了实例讲解，理论与实训融为一体。此外，本书还融入了智能微电网的监控管理与控制调度知识，并基于光伏电站智能运维实训系统介绍了与配套的 1＋X 证书取证相关的知识，以便达到课证融通的效果。

本书可以作为职业院校光伏发电技术及应用专业的教材，也可供从事光伏应用相关领域的技术人员、管理人员参考自学。

图书在版编目（CIP）数据

光伏发电系统设计与施工/沈洁主编. —2 版. —北京：化学工业出版社，2021.6（2024.11重印）

光伏发电技术及应用专业系列教材.新能源系列

ISBN 978-7-122-39091-2

Ⅰ.①光… Ⅱ.①沈… Ⅲ.①太阳能发电-系统设计-高等职业教育-教材②太阳能光伏发电-工程施工-高等职业教育-教材 Ⅳ.①TM615

中国版本图书馆 CIP 数据核字（2021）第 081549 号

责任编辑：葛瑞祎 刘 哲 装帧设计：韩 飞
责任校对：杜杏然

出版发行：化学工业出版社（北京市东城区青年湖南街 13 号 邮政编码 100011）
印 刷：三河市航远印刷有限公司
装 订：三河市宇新装订厂
787mm×1092mm 1/16 印张 12¾ 字数 325 千字 2024 年 11 月北京第 2 版第 7 次印刷

购书咨询：010-64518888 售后服务：010-64518899
网 址：http：//www.cip.com.cn
凡购买本书，如有缺损质量问题，本社销售中心负责调换。

定 价：39.00 元

第二版前言

本书以介绍组成光伏发电系统的电池组件、蓄电池、光伏逆变器、光伏监控系统知识为基础，主要针对光伏发电系统设计，光伏系统施工及管理，光伏系统的调试、检查、维护、测量与测试等知识进行介绍。

本书涉及光伏系统设计施工安装中的技术问题，一方面从光伏发电系统各组成部分介绍光伏系统的设备及基本操作技术，另一方面从光伏系统的设计、施工、调试来阐述光伏系统安装调试中的技术问题。全书分为 11 章，第 1 章介绍光伏系统的分类及光伏电厂的设备组成；第 2 章介绍光伏组件的生产、原理及安装方法；第 3 章介绍蓄电池的分类及充放电模式，蓄电池的选择、容量设计等；第 4 章介绍光伏逆变器的原理、分类、技术指标和控制模式；第 5 章介绍光伏监控系统工程建立方式、设备数据组态、画面制作等；第 6 章介绍光伏电站需求分析、设备选型、设计案例以及光伏系统设计方法；第 7 章就光伏系统施工测量、桩基、土方、水电等进行分项施工介绍；第 8 章介绍光伏系统施工管理知识；第 9 章从光伏系统的调试、检查、维护、测量和测试等方面介绍光伏系统施工结束后的各类注意事项；第 10 章介绍智能微电网监控管理、控制调度的相关知识；第 11 章基于光伏电站智能运维实训系统介绍与 1+X 证书取证相关的光伏电站运维知识。

本书由天津轻工职业技术学院沈洁任主编并统稿，孙艳、崔立鹏任副主编，李娜、王艳越、李良君、于昊参加了编写工作。其中，第 1 章、第 3 章由王艳越、于昊编写，第 2 章由于昊编写，第 4 章由李娜、李良君编写，第 5～9 章由沈洁编写，第 10 章由孙艳编写，第 11 章由崔立鹏编写。王长青、陈康、李敏同学参与了部分资料的整理工作，在此一并表示衷心的感谢。

限于编者水平，书中难免会有不妥之处，敬请广大读者提出宝贵意见，以便使这本教材能日趋完善，编者不胜感谢。

编者

2021 年 4 月

目　录

第6章　光伏发电系统设计　　　　　　　　　　　　　　　68

第 11 章 　　光伏电站智能运维实训系统 ————————— 179

第 **1** 章

太阳能光伏发电系统简述

1.1　光伏发电技术发展概况

Becquerel 在 1839 年发现了光生伏打效应，贝尔实验室在 1954 年发明了太阳能电池，但当时效率较低而使其无法投入应用，此后国际宇航计划使得太阳能电池得以应用在航天领域。1960 年，硅太阳能电池首次实现并网运行，1975 年，非晶硅太阳能电池问世。太阳能的光电转换应用在 20 世纪 80 年代成了热门的研发方向，技术日臻革新，应用领域日臻扩大。1986 年，美国建成的 6.5MWp 光伏电站，标志着世界上第一个大型光伏发电系统的诞生。之后德国、日本、荷兰也纷纷启动光伏发电工程。

光伏发电是通过光伏电池将太阳光辐射量转化为电能的发电方式。典型的光伏发电系统由光伏电池板、控制器、电缆、电能存储和变换环节构成。光伏电池所产生的电能，经过电缆、控制器、储能等环节予以存储和变换，转变为负载所能用的电能。发展至今，太阳能发电系统可分为离网系统和并网系统两类。

1.1.1　离网光伏发电系统

离网光伏发电系统的结构组成如图 1-1 所示。系统不和电网相连，直接向负载供电，主要由太阳能电池板组成的光伏阵列、充放电控制器、蓄电池组、逆变器等部分组成。由于光伏阵列工作受环境影响很大，为保持负载供电的持续性，离网光伏发电系统中必须配置储能装置。离网光伏发电系统的应用主要有以下两方面：一是通信工程和工业应用；二是农村和边远地区应用。这种供配电方式的优点是简单、经济、灵活，使用范围广泛，缺点是用电可靠性差，管理控制比较分散、麻烦。一般仅适用于用电容量小、分散性大的用电负荷。

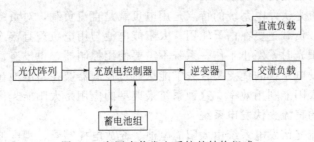

图 1-1　离网光伏发电系统的结构组成

1.1.2 并网光伏发电系统

并网光伏发电系统示意图如图1-2所示。光伏发电系统与电力系统并网运行,通过光伏电池板将太阳能转化为电能,直接通过并网逆变器把电能送上电网。太阳能并网发电代表了太阳能电源的发展方向,与离网太阳能发电系统相比,并网发电系统具有许多独特的优越性,如系统运行较安全可靠、成本较低、可与建筑物结合、能就地分散供电、进入和退出电网灵活等,使并网太阳能光伏系统成为世界各发达国家在光伏应用领域竞相发展的热点和重点,是世界太阳能光伏发电的主流发展趋势。

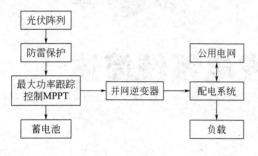

图 1-2　并网光伏发电系统示意图

太阳能光伏发电系统要与电力系统并网运行,由于前者是直流电,而后者是交流电,因此,在实际运行时,并网系统可分为直流并网和交流并网。在并网系统中,通常依靠电网作为储能装置,同时由于考虑节省光伏系统建设成本等原因,通常不考虑蓄电池。但在实际运行中,人们渐渐认识到储能装置在并网系统中发挥着积极的作用。

1.1.3 风光互补式发电系统

风光互补式发电系统主要由风力发电机组、太阳能光伏电池组、控制器、蓄电池、逆变器、交流/直流负载等部分组成。该系统是集风能、太阳能及蓄电池等多种能源发电技术及系统智能控制技术为一体的复合可再生能源发电系统。图1-3所示为风光互补式发电系统结构框图。

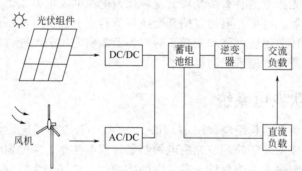

图 1-3　风光互补式发电系统结构框图

1.1.4 独立式光伏发电系统分类

(1) 无蓄电池的直流光伏发电系统

无蓄电池的直流光伏发电系统的特点是用电负载是直流负载,对负载的用电质量、使用时间没有太高要求,负载主要在白天使用。太阳能电池与用电负载直接连接,有阳光时就发电供负载工作,无阳光时就停止工作。系统不需要使用控制器,也没有蓄电池储能装置。无蓄电池的直流光伏发电系统的优点是省去了能量通过控制器及在蓄电池存储和释放过程中造成的损失,提高了太阳能利用效率。这种系统最典型的应用是太阳能光伏水泵。

(2) 有蓄电池的直流光伏发电系统

有蓄电池的直流光伏发电系统由太阳能电池、充放电控制器、蓄电池以及直流负载等组成。有阳光进，太阳能电池将光能转换为电能供负载使用，并同时向蓄电池存储电能。夜间或阴雨天时，则由蓄电池向负载供电。这种系统应用广泛，小到太阳能草坪灯、庭院灯，大到远离电网的移动通信基站、微波中转站、边远地区农村供电等。当系统容量和负载功率较大时，需要配备太阳能电池方阵和蓄电池组。

（3）交流及交直流混合光伏发电系统

交流及交直流混合光伏发电系统与直流光伏发电系统相比，多了一个交流逆变器，用以把直流电转换成交流电，为交流负载提供电能。交直流混合光伏发电系统既能为直流负载供电，也能为交流负载供电。

（4）市电互补型光伏发电系统

市电互补型光伏发电系统，就是在独立光伏发电系统中以太阳能光伏发电为主，以普通220V交流电补充电能为辅。这样光伏发电系统中太阳能电池和蓄电池的容量都可以设计得小一些，基本上是天有阳光，就用太阳能发的电，遇到阴雨天时就用市电能量进行补充。我国大部分地区多年都有 2/3 以上的晴好天气，这种形式既减小了太阳能光伏发电系统的一次性投资，又有显著的节能减排效果，是太阳能光伏发电在推广和普及过程中的一个过渡性的好办法。

1.2 光伏独立发电系统的构成

光伏独立发电系统是利用太阳能板的光生伏打效应，将太阳能转化为电能，储存在蓄电池中，同时，通过逆变器将电能转化为市电。光伏发电系统一般由逆变器、光伏电池板、蓄电池（组）和 MPPT 控制器构成。

（1）光伏电池

光伏电池是发电系统的核心部分，它将太阳能转化为电能，供给蓄电池或负载使用。太阳能电池主要分为晶体硅电池（包括单晶硅 Monoc-Si、多晶硅 Multi-Si、带状硅 Ribbon/Sheetc-Si）、非晶硅电池（a-Si）、非硅电池（包括硒化铜铟 CIS、碲化镉 CdTe）。

（2）控制器

控制器的作用是使太阳能电池和蓄电池高效、安全、可靠地工作，以获得最高效率并延长蓄电池的使用寿命。控制器对蓄电池的充放电进行控制，并按照负载的电源需求控制太阳能电池组件和蓄电池对负载输出电能。控制器是整个太阳能光伏发电系统的核心部分，通过控制器对蓄电池充放电条件加以限制，防止蓄电池反充电、过充电以及过放电。另外，控制器还应具有电路短路保护、反接保护、雷电保护及温度补偿等功能。由于太阳能电池的输出能量极不稳定，对于太阳能发电系统的设计来说，控制器充放电控制电路的质量至关重要。

MPPT 控制器对光伏电池进行最大功率跟踪，保证光伏电池板处于最大功率点。同时对蓄电池的充放电进行控制，避免蓄电池出现过充电和过放电现象，降低蓄电池使用过程中的损耗，延长蓄电池的使用寿命。

（3）逆变器

在太阳能光伏发电系统中，如果含有交流负载，就要使用 DC/AC 变换器，将太阳能电池组件产生的直流电或蓄电池释放的直流电转化为负载需要的交流电。太阳能电池组件产生的直流电或蓄电池释放的直流电经逆变主电路的调制、滤波、升压后，得到与交流负载额定频率、额定电压相同的正弦交流电，提供给负载使用。

（4）蓄电池

光伏电池的输出电压随着环境的变化会产生很大的变化，蓄电池可以在光伏电池功率大于负载功率时，把多余的能量储存起来，在光伏电池的输出功率较低时，释放出能量，对稳定光伏发电系统的输出起了很大的作用。

常用的蓄电池有铅酸蓄电池、镍镉蓄电池和镍氢蓄电池。目前中国用于高寒户外系统，除采用镍镉蓄电池外，绝大多数采用铅酸蓄电池；在小型的太阳能草坪灯和便携式太阳能供电系统中，使用镍镉或镍氢蓄电池比较多。

1.3 光伏独立发电系统结构设计

离网型太阳能发电系统，采用蓄电池实现能量的缓冲，可以在发电高峰段存储电能，在无光伏发电或光伏发电功率偏小的情况下给负载供电。同时，由于实现了光伏发电、蓄电池充放电和负载电能供给之间的能量调配，不仅尽可能保证了负载用电，而且提供了光伏发电的利用效率，延长了蓄电池的使用寿命。离网型太阳能发电系统结构如图 1-4 所示。

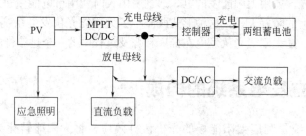

图 1-4 离网型太阳能发电系统结构

光伏组件 PV 发电输出至 MPPT（DC/DC）模块。该模块进行光伏发电的最大功率跟踪，并同时实现直流电压的 DC/DC 变换，使该模块的输出电压符合蓄电池充电电压和逆变器模块 DC/AC 的电压要求。MPPT（DC/DC）模块通过充电母线经控制器向蓄电池充电，通过放电母线直接向 DC/DC 和直流负载放电。直流负载与应急照明通过单刀双掷开关挂接在放电母线。控制器实现两组蓄电池的充放电控制以及逆变器的控制。光伏发电和蓄电池充放电，通过防反二极管实现能量供给的自动平衡。

1.3.1 系统基本功能

系统功能包括：可同时带交、直流负载；系统自启动，当系统由于剩余电量过小而自动关闭时，若有光伏发电，则系统可以自启动，恢复工作；交流负载检测功能，当交流负载功率为 0 且持续 5min 时，关闭逆变器；系统每 20ms 检测一次是否存在交流负载，若不存在，则持续检测，若存在，则在符合系统调配策略的前提下，立即启动逆变器；系统实时数据记录，系统实时数据每隔一段时间刷新，可以经通信端口读取系统实时数据，实时数据包括光伏电压、光伏电流、电池电压、电流、直流负载电压、电流、交流负载电压、电流、交流负载功率、市电电压、电流、市电功率、电池 SOC 状态等；历史数据记录，历史数据每小时有一段时间存储，可以经过通信端口读取历史数据，历史数据包括记录号、时间偏移、发电电能、发电平均功率、发电最大功率、负载电能、负载平均功率、负载最大功率、两组电池的放电电能、放电平均功率、放电最大功率、充电电能、充电平均功率、充电最大功率。

1.3.2 系统基本调配策略

离网型太阳能发电系统，需要对光伏组件发电、蓄电池充放电和交直流负载供电进行管理，基本原则是：尽可能保障交、直流负载的供电，在尽可能提高光伏发电利用效率的前提下，通过蓄电池剩余电量 SOC 管理，延长蓄电池的使用寿命。控制器的控制模式一般分为正常模式、限电模式、过载模式、禁止模式和关机模式。

（1）正常模式

在该模式下，系统正常工作，打开逆变器，有交流输出，打开直流负载供电，关闭应急照明。若系统总剩余电量低于 10%，系统进入限电模式。若交流过载，则进入过载模式。

（2）限电模式

该模式表明系统剩余电量不多，不足以持续给交流负载供电，但仍然可以供给小功率的直流照明。此模式下，系统关闭逆变器，无交流输出，关闭直流负载供电，打开应急照明。若有光伏发电，则发电部分优先给蓄电池充电，确保系统自身有足够电力维持系统正常运行。若系统持续充电，总剩余电量高于 15% 时，系统进入正常模式；若系统总剩余电量低于 5%，则进入禁止模式。

（3）过载模式

当负载功率超过系统设定功率时，系统将进入过载模式。此模式下，系统关闭逆变器，无交流输出；若交流负载未过载，但总功率过载，则关闭直流负载，关闭应急照明，3min后，系统进入限电模式（注：若系统总剩余电量大于 15%，则会再进入正常模式）。

（4）禁止模式

系统进入此模式，表明系统剩余电量过小，不足以维持交、直流负载的供电。此时，系统关闭逆变器，无交流输出，关闭直流负载，应急照明挂放电母线。若在此模式下有光伏发电，则发电部分给蓄电池充电。若系统总剩余电量高于 12%，则进入限电模式。若蓄电池放电功率大于 0，且持续时间超过 10min，则进入关机模式。

（5）关机模式

当系统工作于禁止模式，且蓄电池持续放电超过 10min，或按下系统关机按钮，则系统进入关机模式。此时，系统关闭逆变器、MPPT 控制器，保存当前蓄电池状态（剩余电量、充放电状态）和当前时间，系统关机。

1.4 光伏发电场简介

1.4.1 光伏发电场的相关概念

光伏发电场（通常也称光伏发电站）是所发电能被直接输送到电网，再由电网统一调配向用户供电的光伏发电系统。光伏发电场主要分为独立光伏发电场和并网光伏发电场。目前，我国的光伏发电场绝大多数是为解决边远地区人民生活用电和某些特殊生产用电而建立的独立光伏发电场。并网光伏发电场还处于研究示范阶段，已建成的示范性并网光伏发电场为低压用户端并网模式，发电容量相对较小，不参与电网调度，基本不影响电网的正常运行。而大型和超大型并网光伏发电场不仅建设规模可以达到兆瓦级甚至 G 瓦级，而且发出的电能可直接并入高压输电网络，参与电力的输送和调配，是世界各国未来可再生能源发电的重要发展方向。

光伏发电场根据容量大小，可分为小型光伏发电场（0.1MW 以下）、中型光伏发电场（0.1～1MW）、大型光伏发电场（1～10MW）和超大型光伏发电场（10MW 以上）。光伏发电有两种应用方式：一种是在城镇的建筑屋顶或其他空地上建设，和低压配电网并联，光伏发电场发出的电力直接被用户消耗，多余部分输送到电网，如图 1-5 所示；另一种是在荒漠建设，和高压输电网并联，通过输电网输送，降压后再供给用电负载，如图 1-6 所示。下面主要针对大型和超大型并网光伏发电场的有关内容进行阐述。

图 1-5　屋顶发电场

图 1-6　某大型光伏发电场

1.4.2　光伏发电场的组成及原理

光伏发电场的组成如图 1-7 所示。与普通光伏发电系统相似，光伏阵列将太阳能转换成直流电能，经并网逆变器将直流电逆变成交流电后，根据光伏发电场接入电网技术规定的光伏发电场容量，确定光伏发电场接入电网的电压等级，由变压器升压后，接入公共电网。

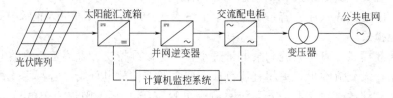

图 1-7　光伏发电场的组成

(1) 光伏阵列

光伏阵列大体上分为固定式和跟踪式。固定式指的是阵列朝向不随太阳的位置变化而变化，如图 1-8 和图 1-9 所示。跟踪式阵列随着太阳的位置变动自动调整朝向，使阵列的输出功率始终达到最大。跟踪式光伏阵列按照旋转轴的个数可分为单轴跟踪式（图 1-10）和双轴跟踪式（图 1-11）。单轴跟踪式光伏阵列只能围绕一个旋转轴旋转，光伏阵列只能够跟踪太阳运行的方位角或者高度角两者之一而变化。双轴跟踪式光伏阵列可沿两个旋转轴运动，能同时跟踪太阳的方位角与高度角的变化。

图 1-8　固定式——水泥柱基础

图 1-9　固定式——钢管埋地

(2) 太阳能汇流箱

对于大型光伏发电场，为了减少光伏组件与逆变器之间的连接线，方便维护，提高可靠性，一般需要在光伏组件与逆变器之间增加光伏阵列防雷汇流箱，如图 1-12 所示，用户可以将一定数量、规格相同的光伏电池串联起来，组成一个个光伏串列，然后再将若干个光伏串列并联接入光伏阵列防雷汇流箱，在光伏阵列防雷汇流箱内汇流后，通过与控制器、直流配电柜、光伏逆变器、交流配电柜配套使用，从而构成完整的光伏发电系统，实现与市电并网。

图 1-10　单轴跟踪系统

图 1-11　双轴跟踪系统

(a) 外形

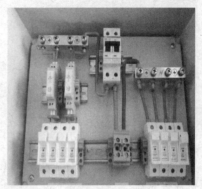

(b) 内部结构

图 1-12　光伏阵列防雷汇流箱

(3) 并网逆变器

通过光伏并网逆变器，直接将直流电转换为与电网同频率、同相位的正弦电流，馈入公共电网。按是否带变压器，可分为无变压器型和有变压器型。对于无变压器型逆变器，最大效率为 98.5%，欧洲效率为 98.3%；对于有变压器型逆变器，最大效率为 97.1%，欧洲效率为 96.0%。按组件接入情况，可分为单组串式、多组串式、集中式，如图 1-13 所示。逆变器在光伏发电场中起关键作用，具有与电网连接的功能。

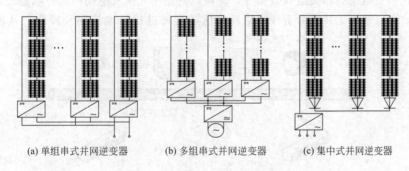

(a) 单组串式并网逆变器　　　(b) 多组串式并网逆变器　　　(c) 集中式并网逆变器

图 1-13　组件与并网逆变器的连接方式

① 高性能滤波电路使逆变器输出的交流电能质量很高，不会对电网质量造成影响，满足国家电网对电能质量的要求。

② 在输出功率大于额定功率的 50%、电网波动小于 5% 的情况下，逆变器交流输出电流的总谐波分量小于 5%，各次谐波分量小于 3%。

③ 在运行过程中需要实时采集交流电网的电压信号，通过闭环控制使得逆变器的交流输出电流与电网电压的相位保持一致，功率因数保持接近 1.0，具备反孤岛保护措施。

（4）交流配电柜

交流配电柜（图1-14）的输入端与逆变器连接，输出端与电网连接。交流配电柜的交流配电单元（图1-15）主要为逆变器提供并网接口，配置输出交流断路器，直接供交流负载使用。另外，并网侧还配有断路器、防雷器、逆变器输出计量电能表，交流电网侧配置电压表、电流表等测量仪表，方便系统管理。

图 1-14 交流配电柜

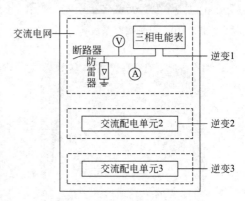

图 1-15 交流配电柜原理接线图

（5）计算机监控系统

计算机监控系统全面监控整个发电场的运行状况，包括光伏组件的运行状态、逆变器的工作状态，以及系统的电压、电流等数据。根据具体需要，可以将相关数据直接发送至互联网，以便远程监控光伏发电场的运行情况。通过安装在太阳能并网光伏逆变器上的 LCD 液晶显示屏，可观察到集中型并网逆变器的各项运行参数（包括光伏阵列的直流输入电压和电流、并网光伏逆变器交流输出的电压和电流、输出功率、电网电压、频率等），以及出现故障时的相应故障代码和提示信息。光伏发电场监控原理图如图1-16所示，通过并网光伏逆变器上预留的通信接口与计算机设备直接连接。使用与之配套的通信和管理软件，可就地观察整个并网光伏发电场的相关运行数据等，并可以对整个光伏发电场的运行状态进行监控。通过远程连接，可以通过无线或者有线网络对光伏逆变器进行异地控制和操作，从而可以在异

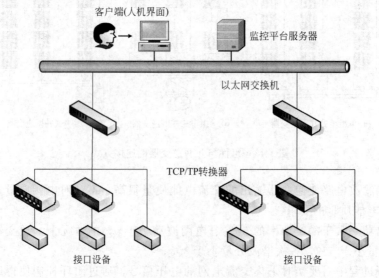

图 1-16 光伏发电场监控原理图

地观察到整个光伏发电场的各项参数，如组件温度、太阳辐射以及逆变器的相关电性能参数等相关运行数据，并对光伏发电场的运行状态进行监控，光伏发电场监控操作界面如图 1-17 所示。对于无人值守或者没有人员进行长期监控的铁路系统建筑，可以采用这种方法实现远程的系统监控，从而实时了解系统的工作状态，当系统出现故障时可以及时检修。

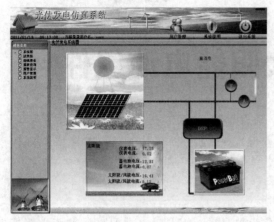

图 1-17　光伏发电场监控操作界面

图 1-18　20MW 地面光伏发电场

1.4.3　光伏发电场实例

规模为 20MW 的地面光伏发电场如图 1-18 所示，占地约 452000m^2。

该电场装机容量为 20MW，在设计和施工中都采用了创新性的优化设计和施工，整个选址场所采用 6 种形式的支架基础和 4 种支架安装形式，如图 1-19 所示。在土建工艺处理方面涵盖了不同的地质、地貌处理方法。针对不同的地质情况，支架基础方案包括：遇深土则挖基坑，做垫层、承台和立柱；遇强风化岩，则不深挖基坑，只做垫层和承台，不立柱；遇弱风化岩，则直接在岩石上植入钢筋，直接浇筑立柱，如图 1-20 所示。这种方案既保证了工程质量，也保证了施工进度。

图 1-19　支架基础外形图

图 1-20　支架基础植筋

该光伏发电场采用平板式晶体硅光伏组件作为光电转换设备，通过逆变器将电流转换为符合并网条件的交流电，最后升压并入高压电网，接入系统电压等级为 110kV，系统设计运行寿命为 25 年，其初始系统效率为 80%。根据当地气象条件，年发电利用时间为 1238h，年平均发电量为 2476×10^{4}kW·h。项目每年可节约标准煤 7550t，减排温室效应气体 CO_2 约 20155t、大气污染气体 SO_2 约 154t、NO_2 约 52t，环境效益极其明显。

第 2 章

太阳能电池组件

2.1 太阳能电池原理

太阳能电池目前因其制作工艺不同,可分为单晶硅、多晶硅、非晶硅、薄膜太阳能电池等。

太阳能电池表面 PN 结受到光照射时,当入射光子能量大于半导体材料禁带宽度 E_g 时,则在 P 区、N 区和结区光子被吸收,产生电子-空穴对。电子-空穴对的运动使 PN 结上产生了一个光生电动势,这一现象被称为光伏效应(Photovoltaic Effect,PV)。图 2-1 为硅太阳能电池的结构示意图。

图 2-2 所示为太阳能电池的等效电路图,由表征光生电流的恒流源 I_{ph}、PN 结特性的二极管 VD、PN 结泄漏电流的并联电阻 R_{sh}、太阳能电池的电极等引起的串联电阻 R_S 以及负载电阻 R_L 等组成。

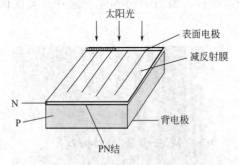

图 2-1 硅太阳能电池的结构示意图

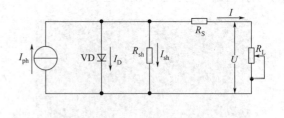

图 2-2 太阳能电池的等效电路图

2.2 太阳能电池的生产工艺流程

通常的晶体硅太阳能电池是在厚度 $350\sim450\mu m$ 的高质量硅片上制成的,这种硅片从提拉或浇铸的硅锭上锯割而成,如图 2-3 所示。

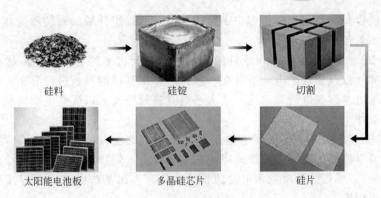

硅料　　　　　　　硅锭　　　　　　　切割

太阳能电池板　　　多晶硅芯片　　　　硅片

图 2-3　太阳能电池的生产流程

2.2.1　太阳能电池的制造技术

晶体硅太阳能电池的制造工艺流程如图 2-4 所示。提高太阳能电池的转换效率和降低成本是太阳能电池技术发展的主流。

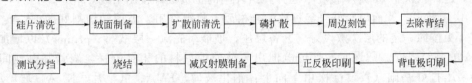

图 2-4　晶体硅太阳能电池的制造工艺流程

具体的制造工艺技术说明如下。

① 切片　采用多线切割，将硅棒切割成正方形的硅片。

② 清洗　用常规的硅片清洗方法清洗，然后用酸（或碱）溶液将硅片表面切割损伤层除去 $30 \sim 50 \mu m$。

③ 制备绒面　用碱溶液对硅片进行各向异性腐蚀，在硅片表面制备绒面。

④ 磷扩散　采用涂布源（或液态源，或固态氮化磷片状源）进行扩散，制成 PN^+ 结，结深一般为 $0.3 \sim 0.5 \mu m$。

⑤ 周边刻蚀　扩散时在硅片周边表面形成的扩散层，会使电池上下电极短路，用掩蔽湿法腐蚀或等离子干法腐蚀去除周边扩散层。

⑥ 去除背面 PN^+ 结　常用湿法腐蚀或磨片法除去背面 PN^+ 结。

⑦ 制作上下电极　使用真空蒸镀、化学镀镍或铝浆印刷烧结等工艺，先制作下电极，然后制作上电极。铝浆印刷是大量采用的工艺方法。

⑧ 制作减反射膜　为了减少入反射损失，要在硅片表面上覆盖一层减反射膜。制作减反射膜的材料有 MgF_2、SiO_2、Al_2O_3、SiO、Si_3N_4、TiO_2、Ta_2O_5 等。工艺方法可用真空镀膜法、离子镀膜法、溅射法、印刷法、PECVD 法或喷涂法等。

⑨ 烧结　将电池芯片烧结于镍或铜的底板上。

⑩ 测试分挡　按规定参数规范，测试分类。

2.2.2　太阳能电池组装工艺简介

封装是太阳能电池生产中的关键步骤，没有良好的封装工艺，多好的电池也生产不出好的电池组件板。电池的封装不仅可以使电池的寿命得到保证，而且还增强了电池的抗击强度。

产品的高质量和高寿命是赢得客户满意的关键，所以组件板的封装质量非常重要。在这里只简单介绍工艺各工序的作用。

① 电池测试　由于电池片制作条件的随机性，生产出来的电池性能不尽相同，所以为了有效地将性能一致或相近的电池组合在一起，应根据其性能参数进行分类。电池测试即通过测试电池的输出参数（电流和电压）的大小对其进行分类，以提高电池的利用率，做出质量合格的电池组件。

② 正面焊接　将汇流带焊接到电池正面（负极）的主栅线上。汇流带为镀锡的铜带，使用的焊接机可以将焊带以多点的形式点焊在主栅线上。焊接用的热源为一个红外灯（利用红外线的热效应）。焊带的长度约为电池边长的 2 倍。多出的焊带在背面焊接时与后面的电池片的背面电极相连。

③ 背面串接　背面焊接是将 36 片电池串接在一起形成一个组件串。目前采用的工艺是手动的，电池的定位主要靠一个模具板，上面有 36 个放置电池片的凹槽，槽的大小和电池的大小相对应，槽的位置已经设计好，不同规格的组件使用不同的模板，操作者使用电烙铁和焊锡丝将"前面一个电池"的正面电极（负极）焊接到"后面另一电池"的背面电极（正极）上，这样依次将 36 片串接在一起并在组件串的正负极焊接出引线。

④ 层压敷设　背面串接好且经过检验合格后，将组件串、玻璃和切割好的 EVA、玻璃纤维、背板按照一定的层次敷设好，准备层压。玻璃事先涂一层试剂（primer）以增加玻璃和 EVA 的黏结强度。敷设时，保证电池串与玻璃等材料的相对位置，调整好电池间的距离，为层压打好基础（敷设层次由下向上：钢化玻璃、EVA、电池片、EVA、玻璃纤维、背板）。

⑤ 组件层压　将敷设好的电池放入层压机内，通过抽真空将组件内的空气抽出，然后加热使 EVA 熔化，将电池、玻璃和背板黏结在一起，最后冷却取出组件。层压工艺是组件生产的关键一步，层压温度、层压时间根据 EVA 的性质决定。使用快速固化 EVA 时，层压循环时间约为 25min，固化温度为 150℃（电池板原料：玻璃，EVA，电池片、铝合金壳、包锡铜片、不锈钢支架、蓄电池等）。

⑥ 修边　层压时，EVA 熔化后由于压力而向外延伸固化形成毛边，所以层压完毕应将其切除。

⑦ 装框　类似给玻璃装一个镜框，给玻璃组件装铝框，增加组件的强度，进一步密封电池组件，延长电池的使用寿命。边框和玻璃组件的缝隙用硅酮树脂填充，各边框间用角键连接。

⑧ 焊接接线盒　在组件背面引线处焊接一个盒子，以利于电池与其他设备或电池间的连接。

⑨ 高压测试　高压测试是指在组件边框和电极引线间施加一定的电压，测试组件的耐压性和绝缘强度，以保证组件在恶劣的自然条件（雷击等）下不被损坏。

⑩ 组件测试　测试的目的是对电池的输出功率进行标定，测试其输出特性，确定组件的质量等级。目前主要是模拟太阳光的测试（Standard Test Condition，STC），一般一块电池板所需的测试时间为 7～8s。

2.3　光伏电池组件电参数

太阳能电池的测试主要是对各个性能参数的测试，包括短路电流、开路电压、最大输出功率、最佳工作电压、最佳工作电流、光电转换效率、填充因子等。

（1）短路电流

端电压为 0 时，通过太阳能电池的电流称为短路电流，通常用 I_{sc} 表示。它是伏安特性曲线与坐标轴纵坐标的交点所对应的电流。短路电流 I_{sc} 的大小与太阳能电池的面积有关，面积越大，I_{sc} 也越大，一般 $1cm^2$ 单晶硅太阳能电池的 I_{sc} 为 $16\sim30mA$。短路电流是描述太阳能电池性能的重要指标之一。

（2）开路电压

太阳能电池在空载时的端电压，称为开路电压，通常用 U_{oc} 表示。它是伏安特性曲线与坐标轴横坐标的交点所对应的电压，也是描述太阳能电池性能的一个重要参数。太阳能电池的开路电压与面积大小无关，一般情况下，单晶硅太阳能电池的开路电压约为 $450\sim600mV$，最高可达 $700mV$。

（3）伏安特性曲线

理想状态下的太阳能电池伏安特性曲线如图 2-5 所示。

太阳能电池的伏安特性曲线是指太阳能电池的负载阻值从 0 变化到最大值时输出的电压与电流之间的关系。在运用电子负载进行实验测试时，只需将电子负载调节在恒压模式，设定太阳能电池的输出电压从 0 变化到开路电压，记录数据，即可得到伏安特性曲线。如图 2-6 所示，根据太阳能电池 I-U 特性曲线和 P-U 特性曲线，就可以得出太阳能电池的最大功率点，最大功率点电压、电流，转换效率以及填充因子等参数。

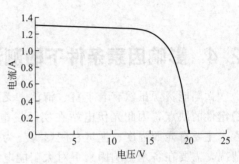

图 2-5 理想状态下的太阳能电池伏安特性曲线

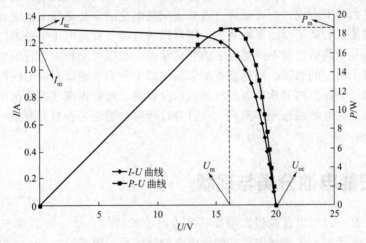

图 2-6 太阳能电池 I-U 和 P-U 特性曲线

（4）最大输出功率

太阳能电池伏安特性曲线中最大功率所对应的点，通常用 P_m 表示，表达式可以写作：

$$P_m = U_m I_m$$

（5）最佳工作电压

太阳能电池伏安特性曲线中最大功率点所对应的电压，通常用 U_m 表示。

（6）最佳工作电流

太阳能电池伏安特性曲线中最大功率点所对应的电流，通常用 I_m 表示。

（7）光电转换效率

太阳能电池将光能转换成电能的最大输出功率，与入射到其表面上的全部辐射功率的百分比，称为太阳能电池的光电转换效率，即（其中 I_mU_m 为最大功率，A_tP_{IN} 为输入光子功率）：

$$\eta=\frac{I_mU_m}{A_tP_{IN}} \tag{2-1}$$

（8）填充因子

填充因子是表征太阳能电池性能优劣的一个重要参数，是检验太阳能电池性能的重要依据。通常把太阳能电池的最大输出功率与太阳能电池开路电压和短路电流的乘积之比作为填充因子，用 FF 表示，即（其中 $I_{sc}U_{oc}$ 是极限输出功率，I_mU_m 是最大功率）：

$$FF=\frac{I_mU_m}{I_{sc}U_{oc}}$$

2.4 影响因素条件下的测试原理

太阳能资源虽然有着丰富、清洁、无需运输的优点，但也存在能量密度低、间断性和不稳定性的缺点，因此光伏电站在实际发电过程中，会有很多影响太阳能电池输出功率的因素，主要有光照强度、温度、阴影等。为了明确这些因素对太阳能电池实际输出功率的影响情况，需要在各个影响因素下对太阳能电池进行测试。对于多因素的问题，在测试过程中应采用控制变量法，每次仅改变一个影响因素，保持其他参数不变进行测试，对比后可得出结论。

在实验室测试中，光强的强弱可以很容易改变，然而在户外测试中，光强的改变不可能依靠太阳的东升西落来实现，但可以通过改变太阳能电池的安装角度来改变入射到太阳能电池表面的光照强度。负载类型的影响测试，则可以通过调节直流电子负载来实现。温度的测试，需要得到的是相同照度且不同温度下的测试结果，数据采集相对比较困难，需要长时间的数据积累。对于阴影的测试，同样存在阴影面积的实际大小难以控制的问题，因此在实验中可以考虑利用已知面积的卡片覆盖进行测试以及说明。最后根据相关测试结果，结合投入成本等因素，在光伏电站的选址、安装、运行等过程中，确定是否有必要采取相应的措施以及如何采取措施。

2.5 太阳能电池分类与现状

太阳能电池是一种可以直接将太阳能转换为电能的器件。1954 年，第一个太阳能电池在美国贝尔实验室诞生，从此开启了太阳能电池的新纪元。随着科学技术的发展，太阳能电池的种类也越来越多，转换效率也有了明显的提高。目前，太阳能电池按照构成材料的不同，可分为硅材料半导体、多元化合物半导体、有机半导体三大类。其中硅材料半导体由结晶类和非结晶类组成，结晶类包括单晶硅电池和多晶硅电池；多元化合物半导体则由Ⅲ-Ⅴ族化合物电池、Ⅱ-Ⅵ族化合物电池和Ⅰ-Ⅲ-Ⅵ族化合物电池组成；有机半导体包括酞菁、聚乙炔等。分类如图 2-7 所示。

目前，太阳能电池产品仍然以硅半导体材料为主，即单晶硅电池、多晶硅电池和非晶硅电池，三种硅材料电池的外观图如图 2-8 所示。由于硅原材料具有广泛性、转换效率高、可靠性好等优点，因此被市场所广泛接受。其中以多晶硅太阳能电池的性价比最高，是结晶类

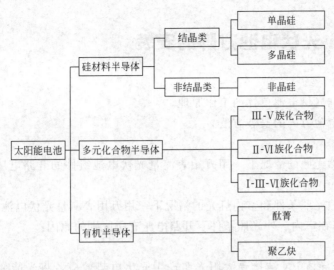

图 2-7 太阳能电池分类

太阳能电池中的主流产品，占现有市场份额 70% 以上。非晶硅太阳能电池则在民用产品上有着较为广泛的应用（例如计算器、电子手表等）。近几年，由于非晶硅太阳能电池的成本低廉、弱光响应好、充电效率高等优势，前景正在被市场看好，并以惊人的速度在增长。然而对于多元化合物太阳能电池，一方面由于其材料的稀有性，另一方面则因为部分材料具有公害，现阶段的市场占有率还很小。

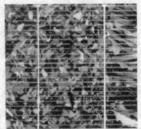

(a) 单晶硅太阳能电池　　(b) 多晶硅太阳能电池　　(c) 非晶硅太阳能电池

图 2-8 硅太阳能电池外观图

在硅太阳能电池中，单晶硅电池的转换效率最高，为 11%～24%，当然效率越高，其价格也就越贵；多晶硅电池的效率较单晶硅电池低，为 12%～18.6%，但因其制作步骤较为简单，成本比单晶硅电池低 20% 左右，在一定程度上受到了市场的青睐；非晶硅电池依靠成本低、无需封装、生产快、产品种类多等优点，具有很大的应用前景，商用电池转换效率为 6%～15%。硅太阳能电池相关特性比较如表 2-1 所示。

表 2-1 硅太阳能电池的特性比较

类别	效率/%	优点	缺点
单晶硅	24	转换效率高 使用年限长	制作成本高 制造时间长
多晶硅	18.6	制作步骤简单 成本较低	效率较单晶硅低
非晶硅	15	价格最低 生产最快	输出功率小 有光退化现象

2.6 实训 光伏电池方阵的安装

(1) 实训目的

① 了解单晶硅光伏电池单体的工作原理。

② 掌握光伏电池方阵的安装方法。

(2) 实训要求

① 在室外自然光照的情况下,用万用表测量光伏电池组件的开路电压,了解光伏电池的输出电压值。

② 在室外自然光照条件和室内灯光的情况下,用万用表测量光伏电池方阵的开路电压,分析光伏电池方阵在室内、外光照条件下开路电压有所区别的原因。

(3) 基本原理

光伏电池是半导体 PN 结接受太阳光照产生光生电势效应,将光能变换为电能的变换器。当太阳光照射到具有 PN 结的半导体表面,P 区和 N 区中的价电子受到太阳光子的冲击,获得能量,摆脱共价键的束缚,产生电子和空穴(多数载流子和少数载流子),被太阳光子激发产生的电子和空穴在半导体中复合,不呈现导电作用。在 PN 结附近 P 区被太阳光子激发产生的电子少数载流子受漂移作用到达 N 区,同样,PN 结附近 N 区被太阳光子激发产生的空穴少数载流子受漂移作用到达 P 区,少数载流子漂移,对外形成与 PN 结电场方向相反的光生电场,如果接入负载,N 区的电子通过外电路负载流向 P 区形成电子流,进入 P 区后与空穴复合。电子流动方向与电流流动方向是相反的,光伏电池接入负载后,电流是从电池的 P 区流出,经过负载流入 N 区回到电池。

图 2-9 标准的光伏电池组件

光伏电池单体是光电转换最小的单元,尺寸为 $4\sim100cm^2$ 不等。光伏电池单体的工作电压约为 0.5V,工作电流密度约为 $20\sim25mA/cm^2$。光伏电池单体不能单独作为光伏电源使用,将光伏电池单体进行串、并联封装后,构成光伏电池组件,其功率一般为几瓦至几十瓦,是单独作为光伏电源使用的最小单元。光伏电池组件中光伏电池的标准数量是 36 片($10cm\times10cm$),能产生 17V 左右的电压,能为额定电压为 12V 的蓄电池进行有效充电。图 2-9 是标准的光伏电池组件。光伏电池组件经过串、并联组合安装在支架上,构成了光伏电池方阵,可以满足光伏发电系统负载所要求的输出功率。

光伏电池组件正面采用高透光率的钢化玻璃,背面是聚乙烯氟化物膜,光伏电池两边用 EVA 或 PVB 胶热压封装,四周用轻质铝型材边框固定,由接线盒引出电极。由于玻璃、密封胶的透光率的影响以及光伏电池之间性能失配等因素,组件的光电转换效率一般要比光伏电池单体的光电转换效率低 5%~10%。

(4) 实训内容

① 在室外自然光照的情况下,用万用表测量光伏电池组件的开路电压,计算光伏电池单体的工作电压。

② 将 4 块单晶硅光伏电池组件安装在铝型材支架上,光伏电池组件并联连接。在室内、

外光照的情况下，用万用表测量光伏电池方阵的开路电压。

③ 将4块单晶硅光伏电池组件2串2并联连接，在室内、外光照的情况下，用万用表测量光伏电池方阵的开路电压。

（5）操作步骤

① 使用的器材和工具

a. 光伏电池组件，数量：4块。

b. 铝型材，型号：XC-6-2020；数量：4根；长度：860mm。

c. 铝型材，型号：XC-6-2020；数量：2根；长度：760mm。

d. 万用表，数量：1块。

e. 内六角扳手，数量：1套。十字形螺丝刀和一字形螺丝刀，数量：各1把。

f. 螺钉、螺母若干。

② 操作步骤

a. 用万用表测量光伏电池组件上的光伏电池的连接导线，了解光伏电池实现组件的封装情况。

b. 将1块光伏电池组件移至室外，让光伏电池组件正对着自然光线。用万用表直流电压挡的合适量程测量单晶硅光伏电池组件的开路电压，记录开路电压的数值。统计光伏电池组件上光伏电池单体的数量，计算光伏电池单体的工作电压。将光伏电池组件的开路电压、光伏电池单体的工作电压填入表2-2中。

表 2-2　光伏电池组件的开路电压和光伏电池单体的工作电压

光伏电池组件 开路电压 U/V	光伏电池单体数量/块	光伏电池单体 工作电压 U/V

c. 将4块光伏电池组件安装在铝型材支架上，形成光伏电池方阵，如图2-10所示。要求光伏电池方阵排列整齐，紧固件不松动，4块光伏电池组件引出线进行并联连接。

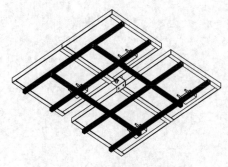

图2-10　光伏电池组件安装成光伏电池方阵示意图

将安装好的光伏电池方阵移至室外，让光伏电池方阵正对着自然光线。用万用表直流电压挡的合适量程测量光伏电池方阵的开路电压，记录开路电压的数值。

将安装好的光伏电池方阵移至室内，让光伏电池方阵正对着室内灯光。用万用表直流电压挡的合适量程测量光伏电池方阵的开路电压，记录开路电压的数值。

d. 4块光伏电池组件引出线进行2串2并连接，移至室外。让光伏电池方阵正对着自然光线。用万用表直流电压挡的合适量程测量光伏电池方阵的开路电压，记录开路电压的数值。

将2串2并连接的光伏电池方阵移至室内，正对着室内灯光。用万用表直流电压挡的合适量程测量光伏电池方阵的开路电压，记录开路电压的数值。

e. 将上述开路电压的数值填入表2-3内。

表 2-3　光伏电池方阵的开路电压

条件	光伏电池组件并联开路电压 U/V	光伏电池组件 2 串 2 并开路电压 U/V
室外		
室内		

(6) 总结

① 光伏电池单体是光电转换最小的单元，工作电压约为 0.5V，不能单独作为光伏电源使用。将光伏电池单体进行串、并联封装，构成光伏电池组件，是单独作为光伏电源使用的最小单元。实际工程中是将光伏电池组件经过串、并联组合，构成光伏电池方阵，以满足不同的负载需要。

② 将光伏电池组件安置在室外自然光线下测量开路电压，计算出的光伏电池单体工作电压是比较接近实际值的。

③ 光伏电池组件在室内、室外的开路电压是有明显差异的，表明光伏电池组件在较强的光照度下能够提供较大的电能。

④ 为了使得光伏电池组件提供较大的电能，方法之一是采用光伏电池组件跟踪光源。

(7) 填写实训报告（表 2-4）

表 2-4　实训报告

实　训　报　告						
日期		班组		姓名		成绩	
实训项目:光伏电池方阵的安装						
技术文件识读:						
接洽用户:						
安装工具、材料的准备:						
光伏电池方阵的安装技能训练:						

第 **3** 章

蓄电池

3.1 蓄电池的分类

大容量电池储能系统在光伏发电系统中主要用于独立电网的储能、缓冲、调压，有四类蓄电池：铅酸蓄电池、镍镉蓄电池、镍氢蓄电池和锂离子蓄电池。蓄电池可反复地使用，经济实用，还具有电压稳定、供电可靠、移动方便的优点。

蓄电池的性能参数很多，主要有 4 个指标：

① 工作电压，蓄电池放电曲线上的平台电压；

② 蓄电池容量，常用安时（A·h）或毫安时（mA·h）表示；

③ 工作温区，蓄电池正常放电的温度范围；

④ 循环寿命，蓄电池正常工作的充放电次数。

蓄电池的性能可由蓄电池特性曲线表示，如充电曲线、放电曲线、充放电循环曲线、温度曲线和储存曲线。蓄电池的安全性由特定的安全监测进行评估。

铅酸蓄电池历史最悠久，目前应用广泛。铅酸蓄电池放电工作电压较平稳，既可小电流放电，也可以大电流放电，工作温度范围宽，可在−45～65℃范围内工作。铅酸蓄电池技术成熟，成本低廉，跟随负电荷输出特性好，因此至今仍在光伏发电中应用。但这种蓄电池也有明显的缺点，例如重量沉，质量比能量低，虽然铅酸蓄电池的理论比能量为240W·h/kg，实际只有 10～50W·h/kg。这种蓄电池维护量较大，充电速度慢。

镍镉蓄电池（Nickel-Cadmium Battery）是正极活性物质主要由镍制成、负极活性物质主要由镉制成的一种碱性蓄电池。正极为氢氧化镍，负极为镉，电解液是氢氧化钾溶液。其优点是轻便、抗震、寿命长，常用于小型电子设备。

镍氢蓄电池（Nickel Metal Hydride Battery）是负极采用氢氧燃料电池的氢电极结构，以氢气为活性物质，正极以氢氧化镍为活性物质，电解质为氢氧化钾水溶液的一种碱性蓄电池。

"锂电池"是一类由锂金属或锂合金为负极材料、使用非水电解质溶液的电池。锂电池大致可分为两类：锂金属电池和锂离子电池。锂离子电池不含有金属态的锂，并且是可以充电的。可充电电池的第五代产品锂金属电池在 1996 年诞生，其安全性、比容量、自放电率和性价比均优于锂离子电池。由于其自身的高技术要求限制，现在只有少数几个国家的公司在生产这种锂金属电池。

3.2 光伏储能及其充放电模式

3.2.1 放电时率与放电倍率

(1) 放电时率

蓄电池放电时率是以放电时间长短来表示蓄电池放电的速率,即蓄电池在规定的放电时间内,以规定的电流放出的容量。放电时率可用下式确定:

$$T_K = C_K / I_K \tag{3-1}$$

式中,T_K(T_{10}、T_3、T_1)分别表示 10、3、1 小时率放电时率;C_K(C_{10}、C_3、C_1)分别表示 10、3、1 小时率放电容量,A·h;I_K(I_{10}、I_3、I_1)分别表示 10、3、1 小时率放电电流,A。

(2) 放电倍率

放电倍率是放电电流与蓄电池额定容量的比,即

$$X = I / C \tag{3-2}$$

式中,X 为放电倍率;I 为放电电流;C 为蓄电池的额定容量。图 3-1 为蓄电池控制电路工作原理图。

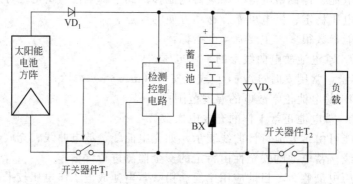

图 3-1 蓄电池控制电路工作原理图

为了对容量不同的蓄电池进行比较,放电电流不用绝对值(A)表示,而用额定容量 C 与放电制时间的比来表示,称为放电速率或放电倍率。20h 制的放电速率就是 $C/20 = 0.05C$,单位为 A。上述 NP6-12 型蓄电池的容量指标 6A·h 是在 20h 制的放电速率下测定的,在 0.3A 的电流情况下放电 20h。

图 3-2 为蓄电池过压、欠压的检测控制电路。

(3) 能量和比能量

① 能量 蓄电池的能量是指在一定放电制下,蓄电池所能给出的电能,通常用 W 表示,单位为瓦时(W·h)。蓄电池的能量分为理论能量和实际能量。理论能量可用理论容量和电动势的乘积表示,而蓄电池的实际能量为一定放电条件下的实际容量与平均工作电压的乘积。

② 比能量 蓄电池的比能量是单位体积或单位质量的蓄电池所给出的能量,分别称为体积比能量和质量比能量,单位为 W·h/L 和 W·h/kg。

(4) 功率、比功率和循环寿命

① 功率 蓄电池的功率是指蓄电池在一定的放电条件下,在单位时间内所给出能量的大小,常用 P 表示,单位为瓦(W)。蓄电池的功率分为理论功率和实际功率。理论功率为

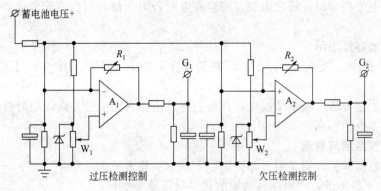

图 3-2 蓄电池过压、欠压的检测控制电路

一定放电条件下的放电电流和电动势的乘积，而蓄电池的实际功率为一定放电条件下的放电电流和平均工作电压的乘积。

② 比功率 蓄电池的比功率是指单位体积或单位质量的蓄电池输出的功率，分别称为体积比功率（W/L）或质量比功率（W/kg）。比功率是蓄电池重要性能的技术指标，蓄电池的比功率越大，表示它承受大电流放电的能力越强。

③ 循环寿命 循环寿命又叫使用周期，是指蓄电池在一定的放电条件下，蓄电池容量降到某一规定值前所经历的充放电次数。

（5）蓄电池充放电曲线

蓄电池电压随充电时间变化的曲线称为充电曲线；蓄电池电压随放电时间变化的曲线称为放电曲线。

3.2.2 蓄电池的主要参数指标

（1）电动势

外电路断开，即没有电流通过电池时，在正负极间量得的电位差，叫做电池的电动势。

（2）端电压

电路闭合后电池正负极间的电位差，叫做电池端电压。

（3）电池容量

通常电源设备的容量用 kV·A 或 kW 来表示。选用安时（A·h）表示其容量更为准确，蓄电池容量定义为 $C = \int_0^t i(t)\mathrm{d}t$，理论上 t 可以趋于无穷，但实际上当电池放电低于终止电压时仍继续放电，这可能损坏电池，故 t 值有限制。电池行业中，以小时（h）表示电池的可持续放电时间，有 C_{24}、C_{20}、C_{10}、C_8、C_3、C_1 等标称容量值。小电池的标称容量以毫安时（mA·h）计，大电池的蓄电池标称容量则以安时（A·h）、千安时（kA·h）计，电信工业常取 C_{10}、C_8 等标称容量值。例如，常见的 Deka 电池 12AVR100SH 为 12V 单体，100A·h 容量，即可持续放电 10h，电流为 10A，放电容量为 $10 \times 10 = 100$A·h（实际测试中，为使电流值保持恒稳，当电压变化时，应调整外电路负载，以便计量）。

（4）放电中电压下降

放电中端子电压比放电前的无负载电压（开路电压）低，理由如下：

$$U = E - IR$$

式中，U 为端子电压，V；I 为放电电流，A；E 为开路电压，V；R 为内部阻抗，Ω。放电时，电解液密度下降，电压也降低。

放电时，电池内部阻抗随之增强，完全充电时若为 1 倍，则当完全放电时，会增强 2～3 倍。

（5）蓄电池容量表示

在容量试验中，放电率与容量的关系如下：5h，1.7V/cell；3h，1.65V/cell；1h，1.55V/cell。

严禁到达上述电压时还继续放电，放电愈深，电瓶内温度会升高，则活性物质劣化愈严重，进而缩短蓄电池寿命。

（6）蓄电池温度与容量

当蓄电池温度降低，则其容量亦会因以下理由而显著减少：

① 电解液不易扩散，两极活性物质的化学反应速率变慢；

② 电解液的阻抗增加，电瓶电压下降，蓄电池的容量会随蓄电池温度下降而减少。

因此，蓄电池冬季比夏季的使用时间短，特别是使用于冷冻库的蓄电池，由于放电量大，而使一天的实际使用时间显著减短。若想延长使用时间，则在冬季或是进入冷冻库前，应先提高其温度。

每日反复充放电以供使用时，电池寿命将会因放电量的深浅而受到影响。

当电池过度放电时，内部阻抗即显著增加，因此蓄电池温度也会上升。放电时的温度高，会提高充电完成时的温度，因此，将放电终了时的温度控制在 40℃ 以下为最理想。

（7）理论容量

理论容量也称计算容量，由电池极板所含活性物质的量决定。铅酸蓄电池的电化当量，对于 Pb，4 价为 0.517A·h/g，2 价为 0.259A·h/g；对于 PbO_2，4 价为 0.488A·h/g，2 价为 0.224A·h/g。根据电化当量与活性物质的量计算出来的容量叫做蓄电池的理论容量。

（8）实际容量

实际容量是指蓄电池放电时所测得的容量，取决于活性物质的量及利用率，活性物质与铅板相关，但并不等同于铅重量，利用率与蓄电池极板的结构形式、放电电流的大小、温度、终止电压，以及原材料质量及制造工艺、技术和使用方法有关，而且是变化的。当今，常用 2V 单块极板的容量为 100A·h。

（9）额定容量

额定容量又称为标称容量，即在制造厂规定的条件下蓄电池能放出的最低工作容量。例如，97A·h 电池标称容量为 100A·h，有些厂家的电池则是在使用几个循环之后实际容量达到或超出标称容量。

（10）电量效率

输出电量与输入电量之间的比叫做电池的电量效率，也叫做安时效率。

（11）自由放电率

由于电池的局部作用造成的电池容量的消耗，容量损失与未工作之前的容量之比，叫做蓄电池的自由放电率。

（12）放电率

放电率表示蓄电池放电电流的大小，分为时间率和电流率。放电时间率指蓄电池以一定电流放电至放电终止电压的时间长短，例如在 25℃ 环境下，如果蓄电池以电流 I_t 放电至放电终止电压的时间为 t，这一放电过程称为 t 小时率，放电 I_t 称为 t 小时率放电电流，IEC 标准中放电时间率有 20、10、5、3、1、0.5 小时率。放电电流率是为了比较额定容量不同的蓄电池电流大小而设立的，t 小时率放电电流以 I_t 表示，通常以 10 小时率

电流 I_{10} 为标准表示。在 25℃ 环境温度下，以一定的放电率放电至能再反复充电使用的最低电压，称为放电终止电压，一般 10 小时蓄电池单体放电终止电压为 1.8V/cell，3 小时蓄电池单体放电终止电压为 1.8V/cell，1 小时蓄电池单体放电终止电压为 1.75V/cell。

3.2.3 蓄电池的基本特性

蓄电池的寿命通常分为循环寿命和浮充寿命两种。蓄电池的容量减少到规定值以前，蓄电池的充放电循环次数称为循环寿命。在正常维护条件下，蓄电池浮充供电的时间，称为浮充寿命。通常蓄电池的浮充寿命可达 10 年以上。

普通蓄电池在运行中通常完成两个任务，首先是尽可能快地使蓄电池恢复到额定容量，另一个任务是用浮充电补充蓄电池因自放电而损失的电量，以维持蓄电池的额定容量。在 VRLA 蓄电池中，除了上述两项任务外，还有一个任务是维持气体复合，以使氢气和氧气能够重新化合为水。图 3-3 为蓄电池基本构造。

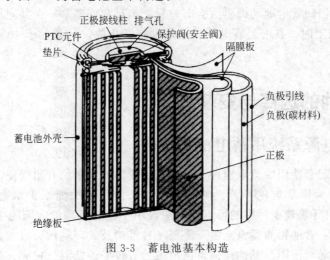

图 3-3　蓄电池基本构造

(1) 化学原理

方程式如下：

放电时

负极
$$Pb - 2e^- + SO_4^{2-} \rightleftharpoons PbSO_4$$

正极
$$PbO_2 + 2e^- + SO_4^{2-} + 4H^+ \rightleftharpoons PbSO_4 + 2H_2O$$

总反应
$$Pb + PbO_2 + 2H_2SO_4 \rightleftharpoons 2PbSO_4 + 2H_2O$$

充电时　电解池

阴极
$$PbSO_4 + 2e^- \rightleftharpoons Pb + SO_4^{2-}$$

阳极
$$PbSO_4 + 2H_2O - 2e^- \rightleftharpoons PbO_2 + SO_4^{2-} + 4H^+$$

(2) 物理构成

构成铅酸蓄电池的主要成分如下：阳极板（过氧化铅 PbO_2），活性物质；阴极板（海绵状铅 Pb），活性物质；电解液（稀硫酸），硫酸（H_2SO_4）和蒸馏水（H_2O）；电池外壳、盖（PP ABS 阻燃）；隔离板（AGM）；安全阀；正、负极柱等。

(3) 物理量联系

蓄电池的剩余电量可通过测量蓄电池的电压粗略地得出。车用 12V 铅酸蓄电池电压与剩余电量的关系见表 3-1。

表 3-1　车用 12V 铅酸蓄电池电压与剩余电量的关系

电压/V	剩余电量/%	电压/V	剩余电量/%
12.7	100	12.1	50
12.5	90	11.9	40
12.4	80	11.8	30
12.3	70	11.6	20
12.2	60	11.3	10

(4) 内阻与容量关系

蓄电池内阻与容量之间的关系有两种含义：蓄电池内阻和额定容量的关系，以及同一型号电池的内阻和荷电状态的关系。蓄电池的荷电状态 SOC 指的是电池可以放出的容量与其额定容量的比。不同时期不同研究者跟踪蓄电池在不同荷电状态的内阻值，结论不尽相同，但虽然同一型号的铅酸蓄电池的内阻值会有差异，但是它们都有一个共同点：铅酸蓄电池的荷电状态在 50% 以上时，其内阻或电导几乎是没有变化的，只是低于 40% 时，其内阻值会迅速上升。

3.3　蓄电池的选择与安装

3.3.1　独立电源系统用蓄电池的选择

与太阳能电池配套使用的蓄电池种类很多，目前广泛采用的有铅酸免维护蓄电池、普通铅酸蓄电池和碱性镍镉蓄电池三种。国内目前主要使用铅酸免维护蓄电池，因其固有的"免"维护特性及对环境较少污染的特点，很适合用于性能可靠的太阳能电源系统，特别是无人值守的工作站。普通铅酸蓄电池由于需要经常维护及其环境污染较大，所以主要适用于有维护能力或低档场合使用。碱性镍镉蓄电池虽然有较好的低温、过充、过放性能，但由于其价格较高，适用于较为特殊的场合。

由于 VRLA 蓄电池（阀控式密封铅酸蓄电池）具有价格低廉、电压稳定、无污染等优点，近年来广泛应用于通信、电力和交通领域。通过对损坏的 VRLA 蓄电池的统计分析得知，因充放电控制不合理而造成的 VRLA 蓄电池寿命终止的比例较高，如 VRLA 蓄电池早期容量损失、不可逆硫酸盐化、热失控、电解液干涸等都与充放电控制的不合理有关。对 VRLA 蓄电池进行合理充放电控制，是使 VRLA 蓄电池达到其设计寿命的基础。

3.3.2　蓄电池的安装

(1) 验收

① VRLA 蓄电池到货后应及时进行外观检查，外观缺损往往会影响产品的质量。

② 根据 VRLA 蓄电池的出厂时间，确定是否需要进行充电，并做端电压检查和容量测试、内阻测试。如果 VRLA 蓄电池到货后只进行外观检查，不根据 VRLA 蓄电池的出厂时间进行充电便储存，常温下储存时间超过 6 个月（温度高于 33℃ 为 3 个月），其技术性能指标将会降低，甚至不能使用。

(2) 安装

VRLA 蓄电池安装的质量，直接影响 VRLA 蓄电池运行的可靠性。VRLA 蓄电池在搬

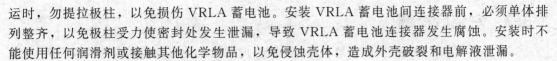

运时，勿提拉极柱，以免损伤 VRLA 蓄电池。安装 VRLA 蓄电池间连接器前，必须单体排列整齐，以免极柱受力使密封处发生泄漏，导致 VRLA 蓄电池连接器发生腐蚀。安装时不能使用任何润滑剂或接触其他化学物品，以免侵蚀壳体，造成外壳破裂和电解液泄漏。

VRLA 蓄电池的安装技术条件如下。

① VRLA 蓄电池安装前应彻底检查 VRLA 蓄电池的外壳，确保没有物理损坏。对于有湿润状的可疑点，可用万用表一端连接 VRLA 蓄电池端柱，另一端接湿润处，如果电压为零伏，说明外壳未破损，如果电压大于零伏，说明该处存在漏液，要进一步仔细检查。

② VRLA 蓄电池应尽可能安装在清洁、阴凉、通风的地方，并避免受到阳光直射，远离热源。在具体安装中，应当根据 VRLA 蓄电池的极板结构合理选择安装方式，不可倾斜。VRLA 蓄电池间应有通风措施，以免因 VRLA 蓄电池损坏产生可燃气体，引起爆炸及燃烧。因 VRLA 蓄电池在充、放电时都会产生热量，所以 VRLA 蓄电池之间的间距一般应大于50mm，以使 VRLA 蓄电池散热良好。同时 VRLA 蓄电池间连线应符合放电电流的要求，对于并联的 VRLA 蓄电池组连线，其阻抗应相等，VRLA 蓄电池和充电装置及负载间的连接线不能过细或过长，以免电流传导过程中在线路上产生过大的压降和由于电能损耗而产生热量，给安全运行埋下隐患。

③ VRLA 蓄电池安装前，应验证 VRLA 蓄电池生产与安装使用之间的时间间隔，逐只测量 VRLA 蓄电池的开路电压。新 VRLA 蓄电池一般要在 3 个月以内投入使用。如搁置时间较长，开路电压将会很低，此时该 VRLA 蓄电池不能直接投入使用，应先对其进行充电后再使用。

安装后应测量蓄电池组电压，采用数字表直流挡测量蓄电池组电压，U_D 应大于等于 $N \times 12$（V）（U_D 为蓄电池组端电压，N 为串联的 VRLA 蓄电池数，相对于 12V VRLA 蓄电池）。如 U_D 小于 $N \times 12$（V），应逐只检查 VRLA 蓄电池。如 VRLA 蓄电池组为两组 VRLA 蓄电池串联后再并联连接，在连接前应分别测量两组蓄电池端电压，即 U_{D1} 大于等于 $N \times 12$（V），U_{D2} 大于等于 $N \times 12$（V）（N 为并联支路串联的 VRLA 蓄电池数）。两组 VRLA 蓄电池的端电压误差应在允许范围内。

④ VRLA 蓄电池组不能采用新老结合的方式，而应全部采用新 VRLA 蓄电池或全部采用原为同一组的旧 VRLA 蓄电池，以免新老 VRLA 蓄电池工作状态之间不平衡，影响所有 VRLA 蓄电池的使用寿命及效能。对于不同容量的 VRLA 蓄电池，不可以在同一组中使用，否则在做大电流放电或充电时将有安全隐患存在。

⑤ VRLA 蓄电池安装前要清刷 VRLA 蓄电池端柱，去除端柱表面的氧化层。VRLA 蓄电池的端柱在空气中会形成一层氧化膜，因此在安装前需要用铜丝刷清刷端柱连接面，以降低接触电阻。

⑥ 串联连接的回路组中应设有断路器以便维护。并联组最好每组有一个断路器，便于日后维护、更替操作。

⑦ 要使 VRLA 蓄电池与充电装置和负载之间各组 VRLA 蓄电池正极与正极、负极与负极的连接线长短尽量一致，以在大电流放电时保持 VRLA 蓄电池组间的运行平衡。

⑧ 要使 VRLA 蓄电池组的正、负极汇流板与单体 VRLA 蓄电池汇流条间的连接牢固可靠。

新安装的 VRLA 蓄电池组，应进行核对性放电实验。以后每隔 2～3 年进行一次核对性放电实验。运行了 6 年的 VRLA 蓄电池，每年做一次核对性放电实验。若经过 3 次核对性放充电，VRLA 蓄电池组容量均达不到额定容量的 80% 以上，可认为此组 VRLA 蓄电池寿命终止，应予以更换。

3.3.3　安装后检测

安装后的检测项目包括安装质量、容量测试、内阻测试及相关的技术资料等多个方面，这些方面均会直接影响 VRLA 蓄电池日后的运行和维护工作。检测时，首先需全面熟悉被测 VRLA 蓄电池的原理、结构、特性、各参数技术指标等。为安全准确地完成 VRLA 蓄电池安装后的检测工作，用户可根据自身现有的设备及技术条件，选择最适合的 VRLA 蓄电池测试仪器进行检查、测试和比较。主要的测试项目如下。

① 容量测试　使被测 VRLA 蓄电池对负载在规定的时间内放电（A·h），以确定其容量。这是最理想的方法，新安装的系统必须将容量测试作为验收测试的一部分。

② 负载测试　用实际负载来测试 VRLA 蓄电池系统。通过测试的结果，可以计算出一个客观准确的 VRLA 蓄电池容量及大电流放电特性。建议在测试时，尽可能接近或满足放电电流和时间的要求。

③ 测量内部电阻　内阻是反映 VRLA 蓄电池状态的最佳标志，测量内阻的方法虽然没有负载测试那样绝对，但通过测量内阻能检测出 80%～90% 有问题的 VRLA 蓄电池。

3.4　实训　光伏储能系统设计

（1）实训目标
① 实现光伏系统组件串并联设计。
② 实现光伏系统蓄电池选型设计。

（2）实训内容
① 完成光伏系统组件串并联设计。
② 完成光伏系统蓄电池选型设计。
③ 根据设计完成安装。

（3）实训准备
① 光伏电池板型号最大功率 70Wp，光伏电池板的最佳工作电压 18V，工作电流 4.44A。
② 要求光伏组件输出的最小电压 120V。
③ 系统负载日耗电 20kW·h。
④ 系统使用 12V 开口型电池，放电深度 80%，蓄电池存储天数为 3 天。
⑤ 70W/18V 电池板、12V 蓄电池、焊接烙铁、绝缘胶带等。

（4）实训步骤
① 光伏系统组件串并联设计　如果系统电压（太阳能电池方阵输出最小电压）为 240V，则光伏电池组件的串联数为 240/18＝13.3 块，因此选择 14 块光伏板进行串联。

光伏组件的并联数＝负载日耗电（W·h）÷系统直流电压（V）÷
日峰值日照÷系统效率系数÷光伏组件工作电流

负载日耗电 20kW·h，光伏组件的并联数为

$$20000÷240÷4.37÷(0.8×0.9×0.85)÷4.44＝7$$

式中　0.8——蓄电池的库仑充电效率；
　　　0.9——逆变器效率；
　　0.85——20℃内光伏组件衰降、方阵组合损失、尘埃遮挡等综合系数。

上述系数可以根据实际情况进行调整。光伏电池方阵的总功率＝7×21×70＝10290Wp。

② 光伏系统蓄电池选型设计根据:

$$蓄电池组串联数＝系统直流电压÷单个蓄电池电压$$

则

$$蓄电池串联数＝240÷12＝20$$

根据: 蓄电池容量＝负载日耗电÷系统直流电压×存储天数÷逆变器效率÷放电深度

$$蓄电池容量＝20000÷240×3÷0.9÷0.8＝347.22A \cdot h（240V 电池组）$$

（若为 12V 电池，则蓄电池容量为 6944.4A·h）

③ 安装　根据上述设计完成安装。

④ 填写实训报告（表3-2）。

表 3-2　光伏储能系统设计实训报告

实 训 报 告							
日期		班组		姓名		成绩	
实训项目:光伏储能系统设计							
技术文件识读:							
接洽用户:							
安装工具、材料的准备:							
光伏储能系统设计训练:							

第 **4** 章

光伏发电逆变器系统

4.1 光伏发电系统对逆变器的要求

4.1.1 光伏逆变器的设计原则

光伏逆变器是太阳能发电系统的重要组成部分之一，鉴于太阳能发电的特殊性，光伏逆变器的设计具有以下几个原则。

① 要具有较高的效率 就目前各种发电系统来说，太阳能发电相对成本较高，原因是太阳能电池板的价格偏高，太阳能资源比较分散。为了最大限度使用太阳能电池板，提高系统效率，降低成本，提高太阳能光伏发电性价比，必须设法提高逆变电源的效率。

② 要有较高的电能质量 太阳能发电系统的最终目的是并网，为各种用电设备提供可靠稳定的交流电压。为了防止光伏逆变器对电网产生污染，要求太阳能光伏并网逆变器有较高的功率因数、低谐波含量。

③ 高可靠性要求 由于太阳能资源的分散性，造成太阳能发电设备难以维护，这就要求光伏逆变器必须具有合理的电路结构、严格的元器件选择。要求逆变电源具备各种保护措施，如备用电源充放电保护、系统短路保护、过载保护以及并网时变压器隔离保护。

④ 较宽的直流输入电压适应范围 由于太阳能电池板输出端负载、日照强度随太阳能电池板温度变化而变化，而备用蓄电池虽然对太阳能电池板的输出电压具有相位，但由于蓄电池的端电压随蓄电池剩余容量和内阻的变化而波动，特别是当老化时其端电压的变化范围很大，就要求光伏逆变器必须有较大的直流输入电压范围，当直流输入电压发生波动时，可以保证输出正常的可以用于并网的交流电压。

⑤ 光伏并网逆变器能够输出正弦交流电，符合国家电网对并网的要求，并且实现输出电流与电压的同频同相，功率因数达到或者接近 1，不含直流分量，需要有较小的失真度，减少高次谐波的含量以及具有较高的可靠性等。

⑥ 需要具有较高的逆变效率 大功率逆变器满载时，需要达到 90% 或者 95% 以上，而中、小型功率逆变器满载时也应该达到 85% 或者 90% 以上。

4.1.2 对逆变器的要求

(1) 逆变器的组成及作用

光伏并网发电系统一般由光伏阵列、逆变器和控制器三部分组成。逆变器是连接光伏阵列和电网的关键部件，它完成控制光伏阵列最大功率点的运行和向电网注入正弦电流两个任务。

逆变器要与电网相连，必须满足电网电能质量、防止孤岛效应和安全隔离接地三个要求。

为了避免光伏并网发电系统对公共电网的污染，逆变器应输出失真度小的正弦波。影响波形失真度的主要因素之一是逆变器的开关频率。在数控逆变系统中采用高速 DSP 等新型处理器，可明显提高并网逆变器的开关频率性能，它已成为实际系统采用的技术之一；同时，逆变器主功率元件的选择也至关重要。小容量低压系统较多地使用功率场效应管（MOSFET），它具有较低的通态压降和较高的开关频率；但 MOSFET 随着电压升高其通态电阻增大，因而在高压大容量系统中一般采用绝缘栅双极晶体管（IGBT）；而在特大容量系统中，一般采用可关断晶闸管（GTO）作为功率元件。

依据 IEEE 929-2000 和 UL 1741 标准，所有并网逆变器必须具有防孤岛效应的功能。孤岛效应是指当电网因电气故障、误操作或自然因素等原因中断供电时，光伏并网发电系统未能及时检测出停电状态并切离电网，使光伏并网发电系统与周围的负载形成一个电力公司无法控制的自给供电孤岛。防孤岛效应的关键是对电网断电的检测。

为了保证电网和逆变器安全可靠运行，逆变器与电网的有效隔离及逆变器接地技术十分重要。电气隔离一般采用变压器。在三相输出光伏发电系统中，其接地方式可参照国际电工委员会规定的非接地（I-T）方式、单个保护接地（T-T）方式和变压器中性线直接接地。用电设备的外壳通过保护线（PE）与接地点金属性连接（T-N）。

(2) 光伏阵列对逆变器的要求

由于日照强度和环境温度都会影响光伏阵列的功率输出，因此必须通过逆变器的调节使光伏阵列输出电压趋近于最大功率点输出电压，以保证光伏阵列在最大功率点运行而获得最大电能。常用的最大功率点跟踪（MPPT）方法有定电压跟踪法、"上山"法、干扰观察法及增量电导法。

(3) 用户对逆变器的要求

对用户来说，成本低、效率与可靠性高、使用寿命长是对逆变器的要求。因此，对逆变器的要求通常是：①具有合理的电路结构和严格筛选的元器件，具备输入极性反接、交流输出短路、过热过载等各种保护功能；②具有较宽的直流输入电压适应范围；③尽量减少中间环节（如蓄电池等）的使用，以节约成本、提高效率。

4.2　逆变器分类

4.2.1　逆变电路的分类

逆变器的交流负载中包含有电感、电容等无源元件，它们与外电路间必然有能量的交换，这就是无用功。由于逆变器的直流输入与交流输出间有无功功率的存在，所以必须在直流输入端设置储能元件来缓冲无功的需求。在交-直-交变频电路中，直流环节的储能元件往往被当作滤波元件来看待，但它更有向交流负载提供无功功率的重要作用。

随着用电设备的不断发展，用电设备对交流电源性能参数也有很多不同的要求，发展成为多种逆变电路，大致可以按照以下方式分类：

① 按输出电能的去向，可分为有源逆变电路和无源逆变电路，前者输出的电能不返回公共交流电网，后者输出的电能可直接输向用电设备；

② 按直流电源性质,可分为由电压型直流电源供电的电压型逆变电路和由电流型直流电源供电的电流型逆变电路;

③ 按主电路的器件,可分为由具有自关断能力的全控型器件组成的全控型逆变电路和无关断能力的半控型器件。

4.2.2 逆变器的基本电路

(1) 电压型逆变电路

电压型全桥逆变电路如图 4-1 所示,该电路具有以下特点:

① 直流侧为电压源或并联大电容;

② 输出电压为矩形;

③ 电感性负载需提供无功。

全桥逆变电路由两个半桥电路组成,VT_1 和 VT_4 为一对,VT_2 和 VT_3 为另一对。成对的桥臂同时导通,两桥臂交替导通 $180°$。

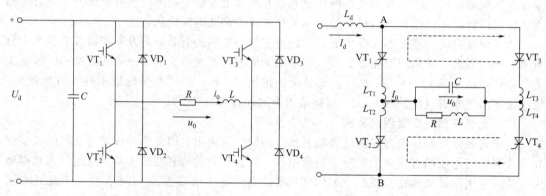

图 4-1　电压型全桥逆变电路　　　　图 4-2　单相电流型全桥逆变电路

(2) 电流型逆变电路

单相电流型全桥逆变电路如图 4-2 所示,该电路具有以下特点:

① 直流侧串大电感,电流脉动小;

② 输出电流为矩形;

③ 直流侧电感起缓冲无功能量作用。

单相电流型全桥逆变电路中每臂开关管各串一个电抗器,限制开关管开通时的 di/dt。

(3) 正弦脉宽调制 SPWM

SPWM 可以由正弦波和三角波调制,决定脉冲的时刻。三角波的底点位置对正弦波采样形成阶梯波,此阶梯波与三角波的交点所确定的脉宽在一个采样周期内的位置是对称的。图 4-3 是正弦脉宽调制 SPWM 波形示意图。

4.2.3 逆变器的主电路

逆变器的主电路结构按照输出的绝缘形式分为工频变压器绝缘方式、高频变压器绝缘方式和无变压器方式三种。

(1) 工频变压器绝缘方式

采用工频变压器进行绝缘和变压,具有良好的抗雷击和消除尖波的性能,电路简单,变换只有一级,效率较高。由于电路中的半导体器件少,可适应比较恶劣的使用条件。开关频

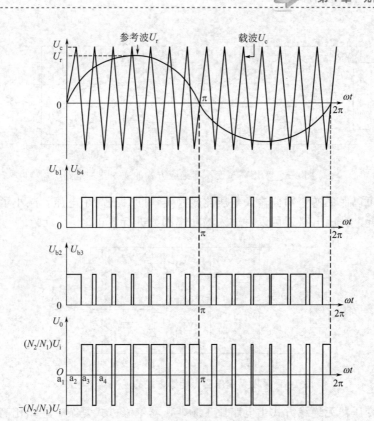

图 4-3 正弦脉宽调制 SPWM 波形示意图

率低，产生的电磁干扰小。一般工频逆变不采用 SPWM 控制，输出是矩形波，要经过强有力的滤波措施，才能使输出正弦波形畸变<5%。这种方式的逆变器主要用于独立型太阳能发电系统。图 4-4 为采用电压型工频变压器绝缘方式的逆变器主电路。

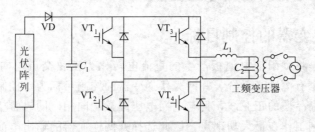

图 4-4 采用电压型工频变压器绝缘方式的逆变器主电路

（2）高频变压器绝缘方式

图 4-5 为采用高频变压器绝缘方式的逆变器主电路。高频变压器比工频变压器体积小，重量轻，成本低。但是经多级变换，回路较为复杂，效率问题比较突出，但只要采用低损耗吸收电路，认真选择电磁元件，仍然可以使效率超过 90%。由于有 SPWM 控制和周波数变换，输出波形畸变小，不需要强有力的滤波。不过高频电磁干扰问题严重，要采用滤波和屏蔽等抑制措施。

（3）无变压器方式

为了进一步降低成本，提高效率，已开发的光伏并网逆变器采用无变压器无绝缘方式逆变器主电路，如图 4-6 所示。电路前面为升压电路，后面为 SPWM 工频逆变器。升压电路可以和不同输出电压的太阳能电池匹配，把太阳能电池的输出电压升高到 400V 左右。有了

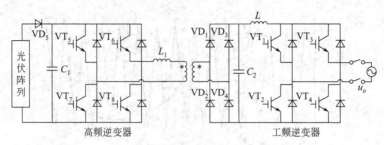

图 4-5　采用高频变压器绝缘方式的逆变器主电路

升压部分后，可以保证逆变部分输入电压比较稳定，同时提高了电压，减小了电流，可以降低逆变部分损耗。升压电路还可以对输入的功率因数进行校正。

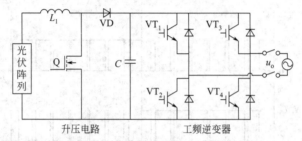

图 4-6　采用无变压器无绝缘方式的逆变器主电路

　　逆变器无变压器无绝缘方式主电路比工频变压器绝缘方式复杂一些，比高频变压器绝缘方式简单，仍然是两级变换（DC-DC-AC），效率高。没有变压器，体积小、重量轻、成本较低，是目前为止比较好的一种主电路方式。

4.3　光伏发电系统并网逆变器

4.3.1　并网逆变器的控制目标

　　光伏并网系统是将太阳能电池板产生的直流电转化为正弦交流电向电网供电的一个装置，它实际上是一个有源逆变系统。并网光伏逆变器的控制目标为：控制逆变电路输出的交流电流为稳定的、高品质的正弦波，且与电网电压同频、同相，同时希望通过调节输出电流的幅值，使光伏阵列工作在最大功率点。因此选择并网逆变器的输出电流作为被控变量，并网逆变工作方式下的等效电路和电压电流矢量图如图 4-7 所示，其中 U_{net} 为电网电压，U_{out} 为并网逆变器交流侧电压。因为并网逆变器输出滤波电感的存在，会使逆变电路的交流侧电压与电网电压之间存在相位差 θ，即为了满足输出电流与电网电压同相位的关系，逆变输出电压的相位超前于电网电压。

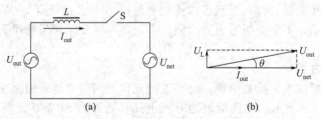

图 4-7　并网工作时的等效电路和电压电流矢量图

4.3.2　并网逆变器的输出控制模式

目前，逆变器的输出控制模式主要有两种：电压型控制模式和电流型控制模式。电压型控制模式的原理是以输出电压为被控变量，系统输出与电网电压同频、同相的电压信号，整个系统相当于一个内阻很小的受控电压源。电流型控制模式的原理则是以输出电感电流为被控变量，系统输出与电网电压同频、同相的电流信号，整个系统相当于一个内阻较大的受控电流源。

如图 4-7（a）所示，并网逆变器中逆变部分控制的一个关键量是控制开关 S 的开合。根据矢量图可知，可以通过对输出电压的控制完成对输出对象的控制；或者直接对电流进行控制，完成对交流侧电流、功率因数的控制。因此，根据电流控制方法的不同，可以将电流控制方式分为以下两种控制模式。

（1）间接电流控制

也称为幅相控制，是基于稳态的电流控制方法。根据稳态电流向量的给定、PWM 基波电压向量的幅值和相位，分别进行闭环控制，进而通过 SPWM 电压控制实现对并网电流的控制。该控制的策略虽然简单且不需检测并网电流，但动态响应慢，存在瞬时直流电流偏移，尤其是瞬态过冲电流几乎是稳态值的 2 倍。从稳态向量关系进行电流控制，其前提条件是电网电压不发生畸变，而实际上由于电网内阻抗、负载的变化以及各种非线性负载扰动等情况的存在，尤其是在瞬态过程中电网电压的波形会发生畸变，电网电压波形的畸变会直接影响系统控制的效果，因此间接电流控制方法控制电路复杂，信号运算过程中要用到电路参数，对系统参数有一定的依赖性，系统的动态响应速度也比较慢。

（2）直接电流控制

通过运算求出交流电流，再引入交流电流反馈，通过对交流电流的直接控制，使其跟踪指令电流值。根据直接电流控制的概念，对于并网型逆变器来说，为了获得与电网电压同步的给定正弦电流波形，通常用电网电压信号乘以电流有功功率设置，产生正弦参考电流波形，然后使其输出电流跟踪这一指令电流。直接电流控制具有控制电路相对简单、对系统参数的依赖性低、系统动态响应速度快等优点。

4.4　逆变器的主要技术指标

4.4.1　光伏并网逆变器技术

光伏并网发电系统与独立发电系统相比，克服了体积大、价格高、不易维护的缺点，具有造价低、输出电能稳定的优点，具有更为广阔的市场前景。典型的光伏并网系统的结构，包括光伏阵列、直-直变换器（DC-DC）、直-交变换器（DC-AC）和采样保护装置，其结构如图 4-8 所示。

并网逆变器是光伏并网系统中实现光伏阵列与电网间能量传递与转换的关键部件。并网逆变器的作用是，当光伏发电系统的输出在较大范围内变化时，能始终以尽可能高的效率，将光伏阵列输出的低压直流电转化成与电网匹配的交流电送入电网。

① 逆变器要与电网相连，必须满足电网电能质量、防止孤岛效应和安全隔离接地三个要求。目前，国外的并网标准中明确规定并网逆变器输出波形的总谐波因数应小于 5%，各次谐波含量小于 3%，并且具有较好的动态特性，孤岛发生时必须快速、准确地切除并网逆变器。随着光伏并网发电系统进一步发展，当多逆变器并网时，可能导致上述方法失效，因

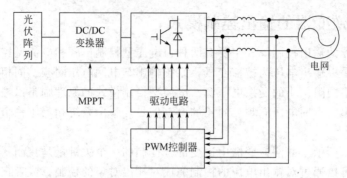

图 4-8　光伏并网系统结构

此研究多逆变器的并网通信、协同控制已成为孤岛效应检测与控制的研究趋势。

② 由于日照强度和环境温度会影响光伏阵列的输出功率，因此必须通过逆变器的调节，使得光伏阵列的输出电压趋近于最大功率点电压，以保证光伏阵列在最大功率点附近运行而获得最大能量，提高系统的效率。最常用的最大功率点跟踪（Maximum Power Point Tracking，MPPT）方法有恒定电压跟踪法和扰动法。同时，光伏阵列的输出特性也决定了逆变器应具有较宽的直流电压输入范围。

4.4.2　并网运行的条件

一般情况下，国内电网的电压有效值为 220V，频率为 50Hz，为了减少并网装置对电网的冲击，根据电力系统并联的条件，并网时应同时满足以下三个条件：

① 并网装置逆变输出电压和市电电压接近相等，一般压差应在 10% 以内；

② 逆变输出频率接近市电频率，一般频差不超过 0.4Hz；

③ 逆变输出电压和市电电压同相，通常此相位差不超过 1%。

4.4.3　逆变器并网控制方式

逆变器并网控制方式通常有四种，分别为电压源电压控制、电压源电流控制、电流源电压控制和电流源电流控制。

逆变器并网控制方式可以分为以电流源输入的方式和以电压源输入的方式。为了实现直流电的稳定输入，以电流源输入方式的逆变器，在拓扑结构的直流侧需要串联一个电感。然而，现在绝大多数电路都是集成电路，在电路中集成电感元件比较困难，并且由于较大电感的存在，将影响到整个系统动态响应，因此目前光伏逆变器的并网控制方式大多采用以电压源输入的控制方式。

逆变器并网控制方式根据控制对象的不同，又可以分为电压控制和电流控制两种。电压控制通常将电网视为一个交流电压源，将逆变器也视为一个电压源，因此当逆变器与电网并网运行时，相当于两个电压源并联。为了实现系统并网稳定运行和并网控制目标，需要利用锁相控制技术，而锁相控制技术具有诸多缺点，比如锁相控制回路响应慢，输出电压值控制精确度低，而且可能会出现环流。而采用电流控制方式，仅需要对输出电流值进行设定，同时，通过控制逆变器输出电流以追踪电网电压，从而实现逆变器与电网电压同频同相的并网控制目标，使系统与电网并网稳定运行。此电流控制方法相对简单，并且能够获得较好的并网控制效果，因此得到了比较广泛的应用。

4.5　逆变器基本电路

4.5.1　半桥电路

半桥电路的变压器一次侧一端连接在电容 C_1、C_2 之间，另一端在开关管 VT_1、VT_2 之间，两个电容的作用是实现静态分压，以及提供电流流通途径。

半桥电路工作原理（图 4-9）：当开关管 VT_1 闭合时，二极管 VD_1 导通，电流流经电感，电感电流缓慢增加；当开关 VT_2 闭合时，VD_2 导通，同样电感有电流流过，电流缓慢增加；当两个开关管同时关断时，变压器磁通势相等，加在 VD_1 和 VD_2 的电压相同且同时导通，各有一半的电流流过，电感上的电流逐步下降；开关闭合时，电感上的电流逐步上升。

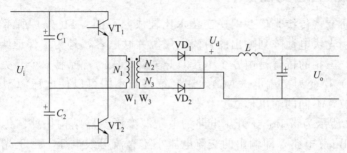

图 4-9　半桥电路原理图

比起单端正激电路，半桥电路的优点是：当两个开关管导通时间不对称时，会产生一次电压直流分量，由于电容 C_1、C_2 隔直作用的存在，会对直流分量产生自动平衡的作用，而且变压器不容易产生偏磁和直流磁饱和现象。

4.5.2　全桥变换电路

全桥变换电路由四个功率开关管 $VT_1 \sim VT_4$、一个高频变压器、两只整流二极管以及 LC 滤波电路组成。

电路的工作原理：VT_1、VT_4 导通，VT_2、VT_3 截止时，初级绕组 W_1 上电压极性为上正下负，电压的大小值为 U_i，变压器绕组同名端 W_2 上存在感应电流，二极管 VD_1 导通，VD_2 截止，电能经过 LC 滤波电路，传送到负载。VT_1-VT_4 导通时间记做半周期。当 VT_1、VT_4 关断后，VT_2、VT_3 导通，输入电压 U_i 加到变压器初级绕组 W_1，电压极性为上负下正，次级绕组 W_3 产生感应电压，使得二极管 VD_2 导通，此时 VD_1 由于是加入了反向电压，因此截止。电能流经二极管 VD_2 以及滤波电感 L 和滤波电容 C，将电能输送到负载端。此时，VT_2 和 VT_3 导通时间段也称为半周期。VT_1-VT_4 工作导通、截止各一次，一个工作周期结束。之后电路一个接一个按工作周期工作。全桥变换电路原理图如图 4-10 所示。

全桥变换电路的特点为：

① 功率开关管的承受电压为直流输入电压，因此与半桥变换的拓扑功率开关管承受的电压相同，却只有推挽式变换电路的一半；

② 在开关管峰值电压和峰值电流相同的情况下，全桥初级电流峰值和有效值为半桥的一半；

③ 在相同功率下，在开关管相同的电流电压定额下，全桥变换器的功率输出为半桥的 2 倍；

④ 由于全桥电路中带有高频变压器，且只有一个初级绕组，比单端反激电路的绕制要简单很多。

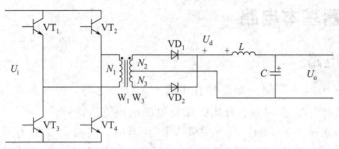

图 4-10　全桥变换电路原理图

4.5.3　电压源型逆变器工作原理

经过多年的研究，传统光伏并网逆变技术比较成熟，图 4-11（a）所示为单级电压源型逆变器结构拓扑。光伏电池阵列输出的直流电压源并联电容，是为了保证给逆变器输出比较稳定的直流电压，三相的桥臂是由 6 个 IGBT 开关管组成的。控制 6 个开关管的通断，就可以把直流电（DC）逆变为交流电（AC），调制策略的不同可以使电压源型逆变器具有正弦波、阶梯波、方波等不同的输出形式。

图 4-11（b）所示为带 Boost 升压电路的电压源型逆变器结构拓扑。传统的单级电压源型逆变器是一个 Buck 电路，即输出的交流电压小于直流母线电压。由于光伏电池阵列输出电压比较小，逆变器输出的交流电压不能满足电网电能的要求，即同频、同幅和同压，所以在光伏电池阵列输出接入 Boost 升压电路，通过控制开关管的通断时间来调整 Boost 电路的输出电压，输入后级逆变器使其向电网输送相匹配的电能。

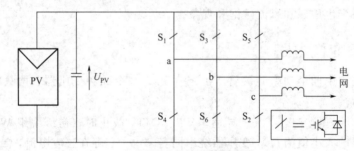

(a) 传统的单级电压源型逆变器

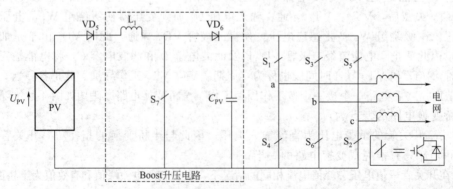

(b) 带Boost升压电路的电压源型逆变器

图 4-11　电压源型逆变器

电压源型逆变器输出波形不受负载影响，应用十分广泛，但由于其电路自身的拓扑结构，存在一定的缺陷：首先，电压源型逆变器是一个降压式的逆变器结构，其交流输出电压小于光伏电池阵列输出电压，需额外地增加一个 DC-DC 升压电路，这就增加了系统控制难度，同时也增加了光伏发电系统成本；其次，要求输入和电网电压相匹配的电压，即要求逆变器具有相对较大功率等级容量；最后，电压源型逆变电路禁止同一桥臂上下开关管导通，造成短路，引起系统电流急剧上升，可能损坏光伏电池阵列元件。所以在光伏并网逆变时，可在开关管控制时引入死区时间，但同时也降低了电能质量，引入了谐波畸变。

4.5.4　电流源型逆变器工作原理

传统电流源型逆变器普遍采用门极可关断晶闸管 GTO、晶闸管或一个功率晶体管串联二极管组成的开关器件，用以提供单向电流和双向电压阻断能力。图 4-12 就是采用串联二极管组成的开关器件，由 6 个这样的开关器件组成了电流源型传统光伏并网逆变器。在功率管后串联二极管，是因为电流源型逆变器在工作的过程中，开关管转换时不仅要承受反向电压，还需要具有反向阻断能力。

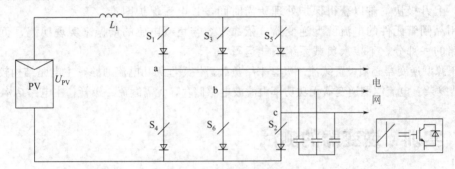

图 4-12　电流源型逆变器

由于电流源型逆变器属于升压 Boost 电路模型，而电压源型逆变器属于 Buck 电路模型，在电路拓扑结构上是对偶的，所以电流源型逆变器同样有一些理论局限。首先，电流源型逆变器是一个升压型 Boost 逆变器，输出交流电压的幅值比输入直流母线电压要高，对于输出电压变化范围较大的应用场合，需要接入一级直流/直流变换装置，由此增加了系统成本，增加了一级直流变换装置而降低了逆变器系统效率。其次，为了使电流源型逆变器的工作状态正常，逆变器的负载必须为容性负载，或需要并联电容。最后，电流源逆变器的开关器件必须能够阻断反向电压，这就增大了集成功率模块和系统成本，阻碍了高性能的 IGBT 模块的直接使用。反向阻断使电感电流不能突变，否则会产生尖峰电压，可能造成开关器件因瞬时过压而损坏，所以任何时刻，直流电感都不能处于开路状态，应保持所有开关管的上桥臂和下桥臂至少有一个器件闭合，维持导通状态。

4.5.5　电流型逆变器

(1) 逆变器

根据输入直流电源的性质、逆变器的直流输入波形和交流输出波形，可以把逆变器分成电压型逆变器（亦称电压源型逆变器）和电流型逆变器（亦称电流源型逆变器）。当逆变器的逆变功率 P 的脉动波形由直流电压来体现时，称之为电流型逆变器。直流电源是恒流源。

(2) 电流型逆变器的特点

直流电源侧串联有较大的直流滤波电感 L_a。当负载功率因数变化时，交流输出电流的波形不变，即交流输出电流的波形与负载无关，交流输出电流的波形通过逆变开关的动作，被直流电源电感稳流成方波。在逆变器中，与逆变开关串联有反向阻断二极管 $VD_1 \sim VD_6$ 而没有续流二极管，所以在逆变器中必须有释放换相时积蓄在负载电感中的能量的电路（通常用并联电容来吸收这一部分能量）；输出电压的相位随着负载功率因数的变化而变化，换相是在两个相邻相之间进行的；可以通过控制输出电流的幅值和波形来控制其输出电流。

(3) 电压型和电流型逆变器的比较

电压源型逆变器采用大电容作为储能（滤波）元件，逆变器呈现低内阻特性，直流电压的大小和极性不能改变，能将负载电压嵌在电源电压水平上，浪涌过电压低，适合于稳频稳压电源、不可逆电力拖动系统、多台电感 L 协同调速和快速性要求不高的应用场合。电流源型逆变器电流方向不变，可通过逆变器和整流器的工作状态变化实现能量流向改变，实现电力拖动系统的电动、制动运行，故可应用于频繁加减速、正反转的单机拖动系统。

电流源型逆变器因用大电感储能（滤波），主电路抗电流冲击能力强，能有效抑制电流突变，延缓故障电流上升速率，过电流保护容易。电压源型逆变器输出电压稳定，一旦出现过电流，上升极快，难以获得保护处理所需时间，过电流保护困难。

采用晶闸管元件的电流源型逆变器，依靠电容与负载电感的谐振来实现换流，负载构成换流回路的一部分，不接入负载系统不能运行。

电压源型逆变器必须设置续流二极管来给负载提供感性无功电流通路，主电路结构较电流源型逆变器复杂。电流源型逆变器无功功率由滤波电感储存，无需续流二极管，主电路结构简单。

4.6 实训 逆变器的测试

(1) 实训目的

① 通过实训了解逆变器的工作原理。

② 通过实训了解 EG8010 芯片的功能。

(2) 实训要求

利用示波器检测逆变器的基波、SPWM、死区等波形，加深对逆变器的理解。

(3) 基本原理

本实训设备使用的逆变器是将直流 12V 电源转换为频率 50Hz 的单相交流 220V 电源，逆变器的组成原理框图如图 4-13 所示，EG8010 是逆变器的核心芯片。

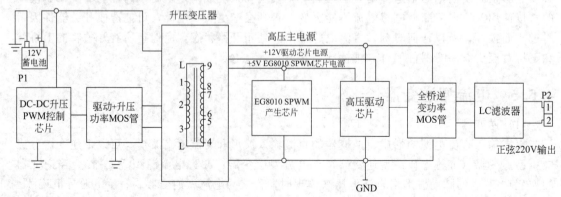

图 4-13 逆变器的组成原理框图

EG8010 是数字化、功能完善的自带死区控制的纯正弦波逆变发生器芯片，适用于 DC-DC-AC 两级功率变换或 DC-AC 单级工频变压器升压变换结构，外接 12MHz 晶体振荡器，是实现高精度、失真和谐波都很小的纯正弦波 50Hz 或 60Hz 逆变器的专用芯片。EG8010 芯片采用 CMOS 工艺，内部集成 SPWM 正弦波发生器、死区时间控制电路、幅度因子乘法器、软启动电路、保护电路、RS232 串行通信接口等模块。EG8010 芯片的引脚定义如图 4-14 所示。

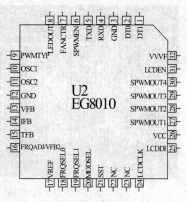

图 4-14　EG8010 芯片的引脚定义

EG8010 芯片的主要特点如下。

① 5V 单电源供电。

② 引脚设置 4 种纯正弦波输出频率：

a. 50Hz 纯正弦波固定频率；

b. 60Hz 纯正弦波固定频率；

c. 0～100Hz 纯正弦波频率可调；

d. 0～400Hz 纯正弦波频率可调。

③ 单极性和双极性调制方式。

④ 自带死区控制，引脚设置 4 种死区时间：

a. 300ns 死区时间；

b. 500ns 死区时间；

c. 1.0μs 死区时间；

d. 1.5μs 死区时间。

⑤ 外接 12MHz 晶体振荡器。

⑥ PWM 载波频率 23.4kHz。

⑦ 电压、电流、温度反馈实时处理。

⑧ 具有过压、欠压、过流、过热保护功能。

⑨ 引脚设置软启动模式 3s 的响应时间。

⑩ 串口通信设置输出电压、频率等参数。

（4）实训内容

实测逆变器的基波、SPWM、死区等波形。

（5）操作步骤

① 使用的器材和工具

逆变器、逆变器测试模块、示波器、万用表、U 盘。

② 操作步骤

a. 将逆变器的测试线正确地接在逆变器测试模块插座中，接通逆变器开关。

b. 将示波器 A 通道（或 B 通道）探头接在逆变器测试模块的 50Hz 基波测试端，测量 50Hz 基波，如图 4-15 所示，并截图保存。

c. 将示波器 A 通道（或 B 通道）探头接在逆变器测试模块的 23.4kHz SPWM 测试端，测量 SPWM 波形，如图 4-16 所示，并截图保存。

d. 将逆变器测试模块的拨动开关拨向 1μs 侧，示波器 A 通道（或 B 通道）探头接在 XT3 接线排的 L、N 端子上，测量 1μs 的死区波形，如图 4-17 所示，并截图保存。

e. 将逆变器测试模块的拨动开关拨向 300ns 侧，示波器 A 通道（或 B 通道）探头接在 XT3 接线排的 L、N 端子上，测量 300ns 的死区波形，如图 4-18 所示，并截图保存。

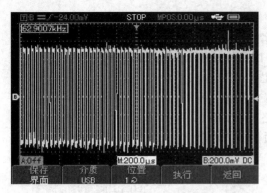

图 4-15　50Hz 基波

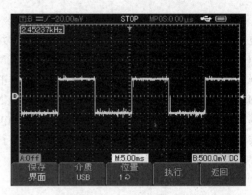

图 4-16　SPWM 波形

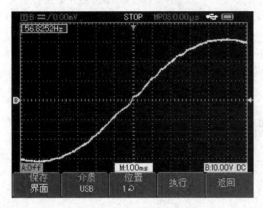

图 4-17　1μs 的死区波形

图 4-18　300ns 的死区波形

(6) 总结

① 逆变器是将低压直流电变换成高压交流电的装置,逆变器的种类很多,各自的工作原理、工作过程不尽相同。

② 逆变器的死区时间反映逆变器输出正弦波的正半周波形与负半周波形之间的延时时间,死区参数与逆变器输出电能的质量有密切关系。正弦波的正半周波形与负半周波形之间没有延时间隙。逆变器输出的正弦波与逆变电路有关,其输出的正半周波形与负半周波形之间有延时间隙,如果延时间隙为零,逆变电路的功率管会损坏;延时间隙过大,逆变器输出正弦波的质量降低,谐波分量增加。由实验可以看出,300ns 的死区波形优于 1μs 的死区波形。

(7) 实训报告

填写实训报告,见表 4-1。

表 4-1　实训报告

实 训 报 告						
日期		班组		姓名		成绩	
实训项目:逆变器的测试						
技术文件识读:						
接洽用户:						
安装工具、材料的准备:						
逆变器的测试技能训练:						

第 **5** 章

光伏监控系统的开发

5.1 离网发电系统监控界面的制作

基于一个风光互补小型离网发电系统，光伏逐日系统、小型风机由西门子 S7-200 CPU226 控制，蓄电池的充放电、逆变系统由 DSP 控制，在此基础上，配备工控机实现上位监控。监控系统建立的基本流程如下。

5.1.1 打开软件

双击桌面上的力控图标，打开软件，弹出"工程管理器"对话框，如图 5-1 所示。

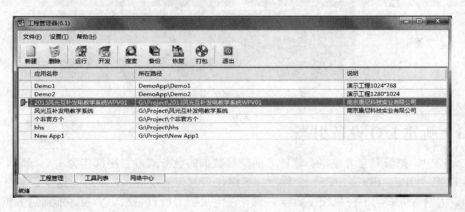

图 5-1 "工程管理器"对话框

5.1.2 新建工程

点击"工程管理器"对话框上的【新建】按钮，弹出"新建工程"对话框，如图 5-2 所示，可对工程项目进行命名等，点击【确定】。

在"工程管理器"对话框选择新建的工程，点击【开发】（图 5-3），即可进入新建工程开发环境（如果没有加密锁，会弹出"找不到加密锁，只能以演示版运行"的对话框，点击忽略进入）。

图 5-2 "新建工程"对话框

图 5-3 进入新建工程开发环境

5.1.3 新建 I/O 设备组态

在力控中，把需要与力控组态软件之间交换数据的设备或者程序都作为 I/O 设备，I/O 设备包括 DDE、OPC、PLC、UPS、变频器、智能仪表、智能模块、板卡等，这些设备一般通过串口和以太网等方式与上位机交换数据，只有在定义了 I/O 设备后，力控才能通过数据库变量和这些 I/O 设备进行数据交换。在此工程中，I/O 设备使用力控仿真 PLC 与力控进行通信。

要在数据库中定义功能点，首先面对的问题是这功能点的过程值（即它们的 PV 参数值）从何而来？在力控结构中，数据库是从 I/O Server（即 I/O 驱动程序）中获取过程数据的，而数据库同时可以与多个 I/O Server 进行通信，一个 I/O Server 也可以连接一个或多个设备，所以要明确功能点从哪一个设备获取过程数据时，就需要定义 I/O 设备。

① 在这里是定义上位机软件将要连接的设备，比如西门子 200 的 PLC，或者智能数显仪表等，在此以 S7-200 PLC 为例。双击【工程项目】中的【IO 设备组态】—【PLC】—【IoManager】，如图 5-4 所示。

② 当弹出"IoManager"窗口时，选择【SIEMENS（西门子）】—【S7-200（PPI）】，如图 5-5 所示。

图 5-4 定义上位机软件将要连接的设备　　　　图 5-5 "IoManager"窗口

③ 双击【S7-200(PPI)】驱动即可新建 I/O 设备，按要求输入【设备名称】（不能出现中文）、【设备描述】、【更新周期】、【超时时间】、【设备地址】（此处地址为 PLC 出厂默认值 2）、【通信方式】、【故障后恢复查询】等，如图 5-6 和图 5-7 所示。

图 5-6 设备配置（第一步）

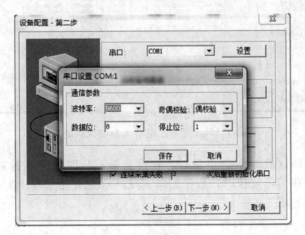

图 5-7 设备配置（第二步）

提示：一个 I/O 驱动程序可以连接多个同类型的 I/O 设备。每个 I/O 设备中有很多数据项可以与监控系统建立连接，如果对同一个 I/O 设备中的数据要求不同的采集周期，也可以为同一个地址的 I/O 设备定义多个不同的设备名称，使它们具有不同的采集周期。例如，一个大的存储罐液位变化非常缓慢，5～10s 更新一次就足够了，而管道内压力的更新周期则要求小于 1s，这样，可以创建两个 I/O 设备。

④ 点击【保存】、【下一步】、【完成】，完成 I/O 设备配置。

⑤ 按该方法，根据表 5-1，完成风光互补发电系统中所有 I/O 设备组态，如图 5-8 所示。完成后关闭【IoManager】。

表 5-1 为各设备的 I/O 设备的串口、波特率、奇偶校验、数据位、停止位的一些参数。

表 5-1　I/O 设备组态参数

序号	名称	描述	通信	波特率	奇偶校验	数据位	停止位	串口	地址
1	S7_200_1	光 PLC	PPI	9600	偶	8	1	Com1	2
2	S7_200_2	风 PLC	PPI	9600	偶	8	1	Com2	2
3	VFD(变)	变频器	USS	9600	偶	8	1	Com2	3
4	SUN_I	光电流	Modbus	9600	无	8	1	Com3	1
5	SUN_V	光电压	Modbus	9600	无	8	1	Com3	2
6	WIN_I	风电流	Modbus	9600	无	8	1	Com3	3
7	WIN_V	风电压	Modbus	9600	无	8	1	Com3	4
8	INVE_I	逆电流	Modbus	9600	无	8	1	Com3	5
9	INVE_V	逆电压	Modbus	9600	无	8	1	Com3	6
10	S_CTRL	光控制	Modbus	19200	无	8	1	Com4	1
11	W_Ctrl	风控制	Modbus	19200	无	8	1	Com5	1
12	I_Ctrl	逆控制	Modbus	19200	无	8	1	Com6	1

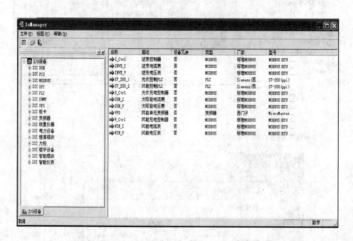

图 5-8　风光互补发电系统 I/O 设备组态

注意：在配置智能仪表的 I/O 设备时，在设置第三步时需要选择数据的读取类型，如果在此处选择错误，在实际监控时，数据的采集及显示会出现乱码。在本系统中所有智能仪表的数据读取方式都如图 5-9 所示。

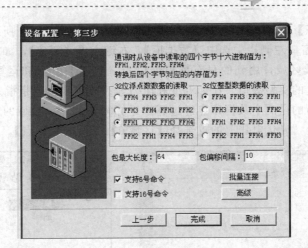

图 5-9　设备配置（第三步）

5.1.4　建立数据库组态

数据库 DB 是整个应用系统的核心和构建分布式应用系统的基础，它负责整个力控应用系统的实时数据处理、历史数据存储、统计数据处理、报警信息处理、数据服务请求处理。

在数据库中，操纵的对象是点（TAG），实时数据库根据点名字典决定数据库的结构，分配数据库的存储空间。

在点名字典中，每个点都包含若干参数。一个点可以包含一些系统预定义的标准点参数，还可包含若干个用户自定义的参数。

引用点与参数的形式为"点名.参数名"。如"TAG1.DESC"表示点 TAG1 的点描述，"TAG1.PV"表示点 TAG1 的过程值。

点类型是实时数据库 DB 对具有相同特征的一类点的抽象。DB 预定义了一些标准点类型，利用这些标准点类型创建的点能够满足各种常规的需要。对于较为特殊的应用，可以创建用户自定义点类型。

DB 提供的标准点类型有模拟 I/O 点、数字 I/O 点、累计点、控制点、运算点等。

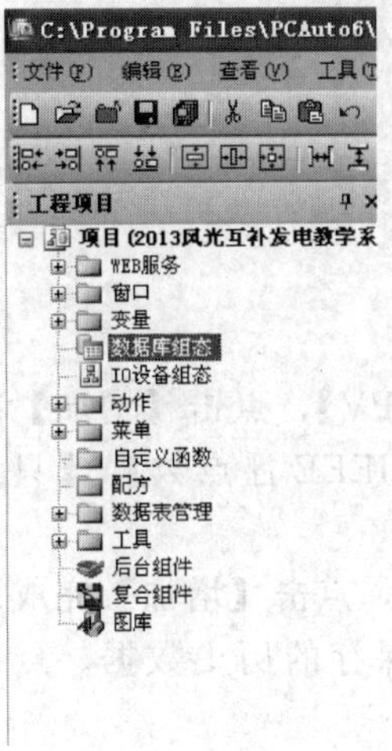

不同的点类型完成的功能不同。比如，模拟 I/O 点的输入值和输出值为模拟量，可完成输入信号量程变换、小信号切除、报警检查、输出限值等功能。数字 I/O 点输入值为离散量，可对输入信号进行状态检查。

有些类型包含一些相同的基本参数。如模拟 I/O 点和数字 I/O 点均包含下面参数：

NAME　　点名称

DESC　　点说明信息

PV　　　以工程单位表示的现场测量值

力控实时数据库根据工业装置的工艺特点，划分为若干区域，每个区域又划分为若干单元，可以对应实际的生产车间和工段，极大地方便了数据的管理。在总貌画面中可以按区域和单元浏览数据。在报警画面中，可以按区域显示报警。

图 5-10　将定义的测量点与之前的 I/O 设备关联

① 在这里是将定义的测量点与之前的 I/O 设备关联上，此处以光伏电压为例。双击【工程项目】中的【数据库组态】，如图 5-10 所示。

双击【数据组态】图标，弹出"数据库组态"对话框，如图 5-11 所示。

② 在弹出的新窗口左侧栏中选中【数据库】，右键点击【新建】，如图 5-12 所示。

选择点类型以及区域，用到的只有模拟 I/O 点、数字 I/O 点和运算点，其中模拟 I/O 点指的是一连串变化的实型数值，比如温度和压力等；数字 I/O 点是指只有 0 和 1 两个状态的开关量；运算点指的是两个数据库点经过算术运算得到的点。区域的划分只是方便归类，并无实际意义。此处"光伏电压"的点选择【区域0】、【模拟 I/O 点】，点击【继续】。

图 5-11 "数据库组态"对话框

图 5-12 新建数据库

在【基本参数】窗口，按要求填写【点名】(不可为中文)、【点说明】、【小数位】，如图 5-13 所示。

图 5-13 【基本参数】窗口

③ 在【数据连接】窗口，选择【I/O 设备】—【GuangF _ V】、【PV】，点击【增加】按钮，在弹出的"组态界面"窗口选择【03 号功能码】、【6】、【32 位 IEEE 浮点数】、【只可读】后，点击【确定】，如图 5-14 所示。

在【历史参数】窗口，选择【PV】、【定时保存】，以及保存间隔，点击【增加】完成历史参数设置，如图 5-15 所示，此步骤是为了历史报表中能够读出保存的历史数据。点击【确定】完成数据库组态。

按该步骤，根据表 5-2 和 PLC 的 I/O 表完成风光互补发电系统中所有数据库组态，如图 5-16 所示。完成后关闭窗口。

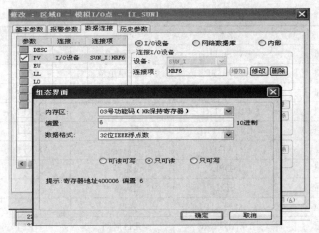

图 5-14 【数据连接】窗口

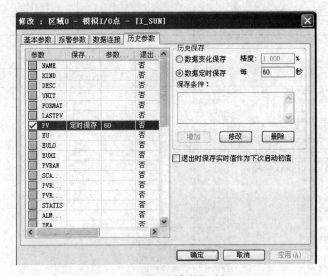

图 5-15 【历史参数】窗口

表 5-2 为建立开关量、模拟量等数据库变量。

表 5-2　数据库变量

序号	性质	名称	说明	I/O 连接	历史参数
1	数字量	M1_0_0	启动		
2	数字量	M2_0_0	启动		
3	模拟量	I_SUN	光伏电流	HRF6	PV=60s
4	模拟量	V_SUN	光伏电压	HRF6	PV=60s
5	模拟量	I_WIND	风电电流	HRF6	PV=60s
6	模拟量	V_WIND	风电电压	HRF6	PV=60s
7	模拟量	I_NIBIAN	逆变电流	HRF6	PV=60s
8	模拟量	V_NIBIAN	逆变电压	HRF6	PV=60s
9	模拟量	SI_SCTRL	光充电电流	HRF5	PV=60s
10	模拟量	SV_SCTRL	光组件电压	HRF3	PV=60s
11	模拟量	BI_SCTRL	光蓄电流	HRF7	PV=60s

续表

序号	性质	名称	说明	I/O连接	历史参数
12	模拟量	BV_SCTRL	光蓄电压	HRF1	PV=60s
13	模拟量	WI_WCTRL	风充电电流	HRF5	PV=60s
14	模拟量	WV_WCTRL	风组件电压	HRF3	PV=60s
15	模拟量	BI_WCTRL	风蓄电流	HRF7	PV=60s
16	模拟量	BV_WCTRL	风蓄电压	HRF1	PV=60s
17	模拟量	SP_WCTRL	风速	HRF9	
18	模拟量	SDPL	设定频率		
19	模拟量	SJP1	实际频率		
20	模拟量	A0~A15	控制字		
21	模拟量	DEADTIME	死区时间	HRF1	
22	模拟量	TZB	调制比(读写)	HRF3	
23	模拟量	JP	基波频率	HRF5	
24	模拟量	SPWM	SPWM波(读)	HRF7	

	NAME [点名]	DESC [说明]	KIOLINK [I/O连接]		KMIS [历史参数]		
4	V_SUN	太阳能电压表电压	PV=SUN_V:HRF6		PV=60s		
5	I_WIND	风能电流表电流	PV=WIN_I:HRF6		PV=60s		
6	V_WIND	风能电压表电压	PV=WIN_V:HRF6		PV=60s		
7	I_INVERTER	逆变电流表电流	PV=INVE_I:HRF6		PV=60s		
8	V_INVERTER	逆变电压表电压	PV=INVE_V:HRF6		PV=60s		
9	SI_SCtrl	太阳能充电电流	PV=S_Ctrl:HRF5		PV=60s		
10	SV_SCtrl	光伏电池组件电压	PV=S_Ctrl:HRF3		PV=60s		
11	BI_SCtrl	蓄电池放电电流(太阳能充电控制器)	PV=S_Ctrl:HRF7		PV=60s		
12	BV_SCtrl	蓄电池电压(太阳能充电控制器)	PV=S_Ctrl:HRF1		PV=60s		
13	WI_WCtrl	风能充电电流	PV=W_Ctrl:HRF5		PV=60s		
14	WV_WCtrl	风能发电压	PV=W_Ctrl:HRF3		PV=60s		
15	BI_WCtrl	蓄电池放电电流	PV=W_Ctrl:HRF7		PV=60s		
16	BV_WCtrl	蓄电池电压	PV=W_Ctrl:HRF1		PV=60s		
17	SP_WCtrl	风速等级	PV=W_Ctrl:HRF9				
18	M1_0_0	旋转开关自动挡	PV=ST_200_1:M	内部内存位 [0] BIT [0]			
19	M1_0_1	启动按钮	PV=ST_200_1:M	内部内存位 [0] BIT [1]			
20	M1_0_2	停止按钮	PV=ST_200_1:M	内部内存位 [0] BIT [2]			
21	M1_0_3	向东按钮	PV=ST_200_1:M	内部内存位 [0] BIT [3]			
22	M1_0_4	向西按钮	PV=ST_200_1:M	内部内存位 [0] BIT [4]			
23	M1_0_5	向北按钮	PV=ST_200_1:M	内部内存位 [0] BIT [5]			
24	M1_0_6	向南按钮	PV=ST_200_1:M	内部内存位 [0] BIT [6]			
25	M1_0_7	灯1按钮	PV=ST_200_1:M	内部内存位 [0] BIT [7]			
26	M1_1_0	灯2按钮	PV=ST_200_1:M	内部内存位 [1] BIT [0]			
27	M1_1_1	东西按钮	PV=ST_200_1:M	内部内存位 [1] BIT [1]			
28	M1_1_2	西东按钮	PV=ST_200_1:M	内部内存位 [1] BIT [2]			
29	M1_1_3	停止按钮	PV=ST_200_1:M	内部内存位 [1] BIT [3]			
30	Q1_0_0	启动按钮指示灯	PV=ST_200_1:Q	离散输出 [0] BIT [0]			
31	Q1_0_1	向东按钮指示灯	PV=ST_200_1:Q	离散输出 [0] BIT [1]			
32	Q1_0_2	向西按钮指示灯	PV=ST_200_1:Q	离散输出 [0] BIT [2]			
33	Q1_0_3	向北按钮指示灯	PV=ST_200_1:Q	离散输出 [0] BIT [3]			
34	Q1_0_4	向南按钮指示灯	PV=ST_200_1:Q	离散输出 [0] BIT [4]			
35	Q1_0_5	灯1按钮指示灯	PV=ST_200_1:Q	离散输出 [0] BIT [5]			

图 5-16 风光互补发电系统数据库组态

5.1.5 新建窗口

进入力控的开发系统后，可以为每个工程建立无限数目的画面，在每个画面上可以组态相互关联的静态或动态图形。这些画面是由力控开发系统提供的丰富的图形对象组成的。开发系统提供了文本、直线、矩形、圆角矩形、圆形、多边形等基本图形对象，同时还提供了增强型按钮、实时/历史趋势曲线、实时/历史报警、实时/历史报表等组件。开发系统还提供了在工程窗口中复制、删除、对齐、打成组等编辑操作，提供对图形对象的颜色、线型、填充属性等操作工具。

在开发环境 Draw 中，通过制作动画连接，使图形在画面上随 PLC 上的数据变化而活动起来。

首先涉及一个概念："Draw 变量"。Draw 变量是在开发环境 Draw 中定义和引用的变量，简称为变量。开发环境 Draw、运行环境 View 和数据库 DB 都是力控的基本组成部分。但 Draw 和 View 主要完成的是人机界面的开发、组态、运行和显示，称之为界面系统。实时数据库 DB 主要完成过程实时数据的采集（通过 I/O Server 程序）、实时数据的处理（包括报警处理、统计处理等）、历史数据的处理等。界面系统与数据库系统可以配合使用，也可以单独使用。比如，界面系统完全可以不使用数据库系统的数据，而通过 ActiveX 或其他接口从第三方应用程序中获取数据；数据库系统也完全可以不用界面系统来显示画面，它可以通过自身提供的 DBCOM 控件与其他应用程序或其他厂商的界面程序通信。力控系统之所以设计成这种结构，主要是为了使系统具有更好的开放性和灵活性。

动画连接是将画面中的图形对象与变量之间建立某种关系，当变量的值发生变化时，画面上的图形对象动态地体现出来。有了变量之后就可以制作动画连接了。一旦创建了一个图形对象，给它加上动画连接，就相当于赋予它"生命"，使它动起来。

力控开发系统提供的上述多种工具和图形，方便用户在组态工程时建立丰富的图形界面。在这个工程中，简单的图形画面建立及动画连接步骤如下。

这是建立在组态工程运行时，能够直接监视、控制的相关变量和控件。如图 5-17 所示，双击【工程项目】中的【窗口】，双击即可新建窗口，按要求定义窗口名字和说明，点击【确定】新建一个画面，再点击【保存】按钮，就可以编辑画面了。

图 5-17　新建窗口属性设置

可对窗口属性进行设定，如名字、背景色等。

编辑新建窗口中的画面。

(1) 画面跳转

如图 5-18 所示，点击工具箱中的【增强型按钮】，在新建窗口中框出一个按钮，直接输入编辑按钮文本，如图 5-19 所示。

双击新建的【增强型按钮】，弹出"动画连接—对象类型"窗口，单击【触敏动作】中的【窗口显示】，如图 5-20 所示。

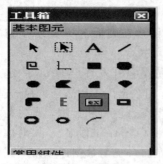

图 5-18　工具箱

图 5-19　增强型按钮

图 5-20　"动画连接"窗口

　　选中想要跳转的画面后点击【确定】，如图 5-21 所示，即完成了画面跳转按钮的建立，运行后点击按钮即可实现画面跳转功能。

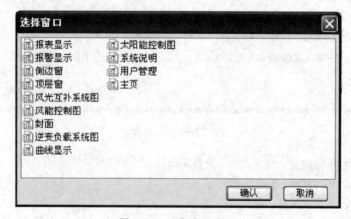

图 5-21　选择窗口界面

(2) 数据关联

　　点击工具箱中的【文本】，在窗口空白画面处点击，输入"光伏电压表电压"。按如此做法再建立一个名为"＃＃.＃＃"和电压单位为"V"的文本，如图 5-22 所示。

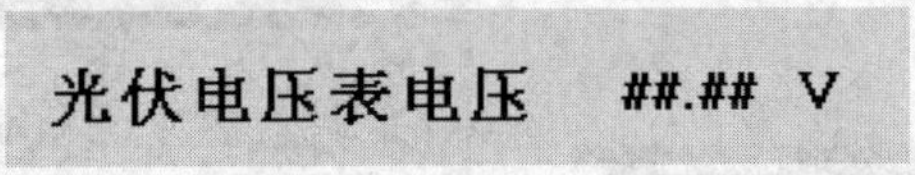

光伏电压表电压　　##.##　V

图 5-22　新建文本画面

点击【数值输出—模拟】按钮，弹出"模拟值输出"窗口，点击【变量选择】，在弹出窗口中选择【V_SUN】—【PV】，如图 5-23 所示，点击【选择】—【确认】—【返回】，完成数据关联。

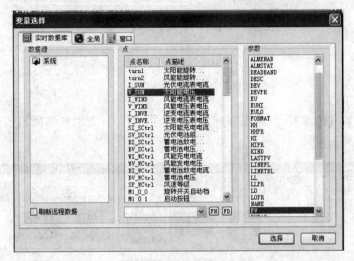

图 5-23　变量选择

(3) 新增按钮

点击【工具】—【图库】，选择【按钮】，如图 5-24 所示。双击所需的按钮图标，会在窗口中新建一个新的按钮。

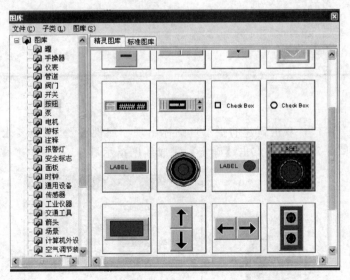

图 5-24　新增按钮

关闭图库窗口，双击新建的按钮图标出现"开关向导"对话框，按要求选择【变量名】、【显示文本】，颜色自定义，【有效动作】选择【按下开，松开关】，如图 5-25 所示，点击【确定】完成新增按钮。

图 5-25 "开关向导"对话框

（4）新增指示灯

点击【工具】—【图库】，选择报警灯，如图 5-26 所示，双击所需的指示灯图标，会在窗口中新建一个新的指示灯。

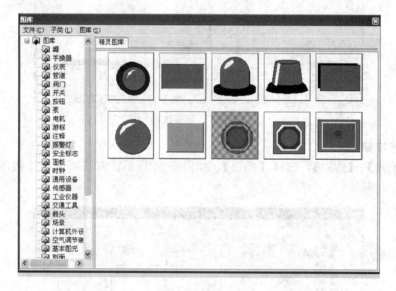

图 5-26 新增指示灯

关闭"图库"窗口，双击新建的指示灯图标出现"属性设置"，按要求选择【变量名】，颜色自定义，如图 5-27 所示，点击【确定】完成新增指示灯。

图 5-27 指示灯属性设置

(5) 专家报表

点击工具下拉菜单中的【专家报表】，如图 5-28 所示。

在【工具】—【复合组件】中选择报表，双击【专家报表】，会在窗口中新建一个报表控件，如图 5-29 所示。

关闭复合组件窗口，双击新建的历史报表控件，弹出"报表向导"。第一步选择【力控数据库报表向导】，这是以力控自带实时历史数据库作为历史数据来源生成的报表，如图 5-30 所示。点击【下一步】，报表向导第二步无需更改默认值，如图 5-31 所示，点击【下一步】进入第三步。

报表向导第三步见图 5-32，设置好【报表类型】、【时间长度】、【时间间隔】、【时间单位】后，点击【下一步】。

报表向导第四步设置好显示时间格式，如图 5-33 所示。

图 5-28　查找"专家报表"

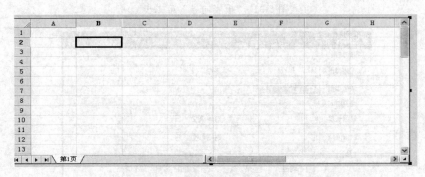

图 5-29　新建历史报表

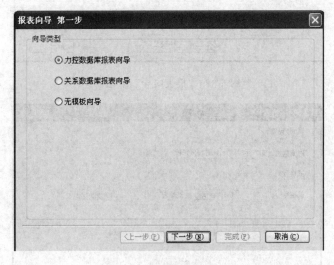

图 5-30　"报表向导"第一步

报表向导第五步，将【所有点列表】里需要查询的历史数据点添加至【已选点列表】里，按顺序排列好（从上至下对应报表里从左至右），如图 5-34 所示。完成后点击【完成】结束报表向导。

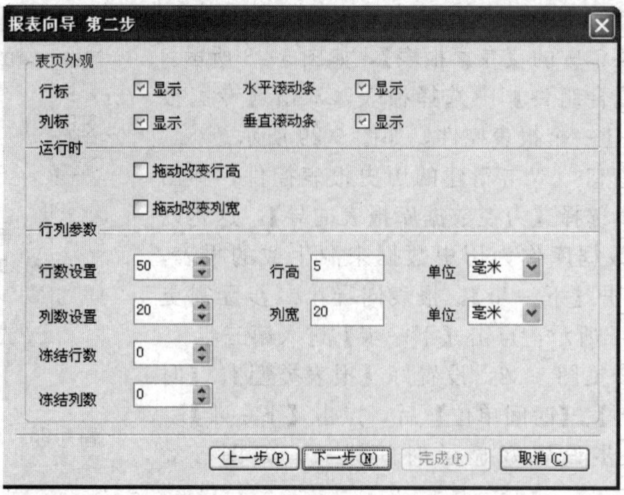

图 5-31 "报表向导"第二步

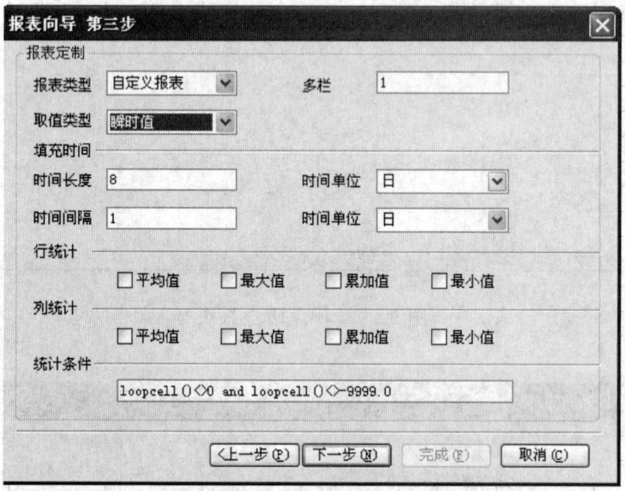

图 5-32 "报表向导"第三步

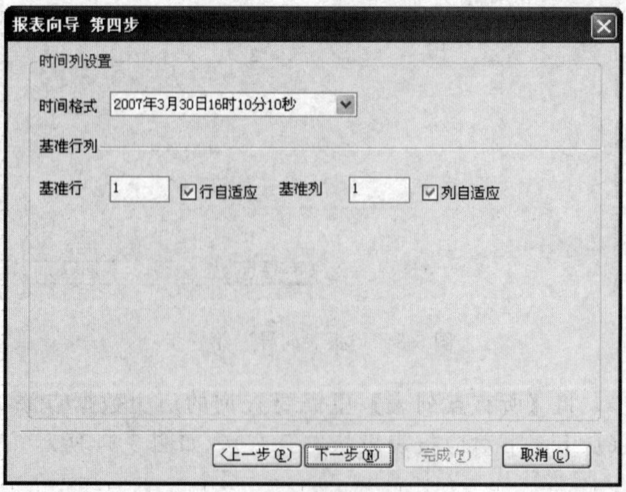

图 5-33 "报表向导"第四步

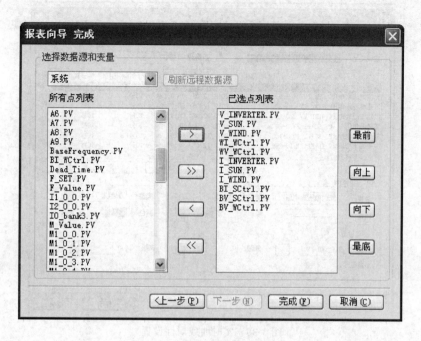

图 5-34 "报表向导"第五步

(6) 趋势曲线

点击工具下拉菜单的【复合组件】，弹出"复合组件"对话框，点击【曲线模版】，得到趋势曲线模版，如图 5-35 所示。

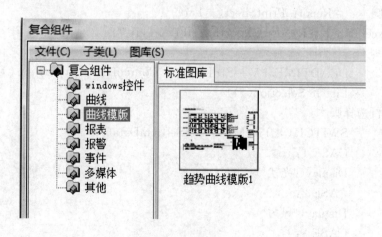

图 5-35 新增趋势曲线

关闭"复合组件"窗口，双击新建的趋势曲线控件，弹出曲线"属性"窗口，在窗口中【曲线类型】选择"实时趋势"，【画笔】中填写曲线名称，【类型】选择"直连线"，样式、颜色、高低限自定义，变量选择需要绘制曲线的数据库中的点，与曲线名称相对应，如图 5-36 所示。点击【确定】完成实时曲线设置。

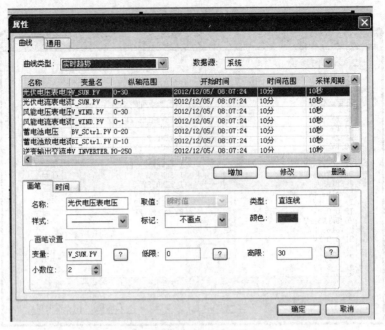

图 5-36　实时曲线属性设置

5.1.6　力控中某些脚本的具体表达

报表查询脚本：

　　♯Report. SetFreeReportPar(－1,♯DateTime1. GetTime(),♯TimeS-
　　pan1. GetTime(),0,♯TimeSpan2. GetTime(),0)

报表打印脚本：♯Report. PrintSheet(－1,1)

报表导 Excel 脚本：♯Report. ExportExcelFile(-1,1,"")

死区时间脚本：

　　DEADTIME. PV＝StrToInt(♯ComboBox. ListGetItem(♯ComboBox.
　　ListGetSelection()))

侧边窗窗口选择脚本：

　　SWITCH(♯TreeMenu. GetSelItemData())

　　CASE 1：

　　Display("光伏")

　　CASE 2：

　　Display("风力")

　　CASE 3：

　　Display("能量存储")

　　CASE 4：

　　Display("逆变")

　　CASE 5：

　　Display("报表")

　　CASE 6：

　　Display("曲线")

CASE 7：

Display("XY")

DEFAULT：

ENDSWITCH

变频器启动脚本：按下鼠标对话框中输入

A0. PV = 1；A1. PV = 1；A2. PV = 1；A3. PV ～ A6. PV = 1；A7. PV ～

A9. PV=0；A10. PV=1；A11～A14. PV=0；

释放鼠标对话框中输入：F_set. pv=50。

变频器停止脚本：按下鼠标对话框中输入

A0. PV = 0；A1. PV = 1；A2. PV = 1；A3. PV ～ A6. PV = 1；A7. PV ～

A9. PV=0；A10. PV=1；A11～A14. PV=0；

释放鼠标对话框中输入：F_set. pv=0。

脚本对话框由以下步骤弹出：双击画出的按钮图标，得到对话框，如图 5-37 所示。

图 5-37　编辑对象类型"增强型按钮"

点击【左键动作】得到"脚本编辑器"对话框，如图 5-38 所示。

注意：脚本关键词可以从对话框中自行读出。

5.1.7　运行项目

点击运行按钮 ，弹出运行界面。

① 光伏跟踪界面如图 5-39 所示。

② 风力发电界面如图 5-40 所示。

③ 逆变负载系统界面如图 5-41 所示。

④ 报表界面如图 5-42 所示。

⑤ 趋势曲线界面如图 5-43 所示。

⑥ 伏安特性曲线界面如图 5-44 所示。

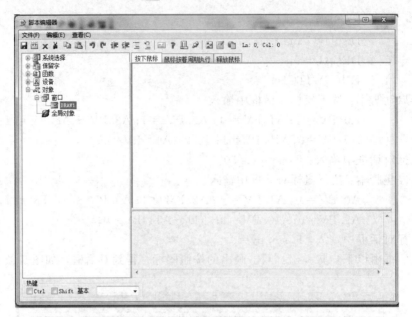

图 5-38 "脚本编辑器"对话框

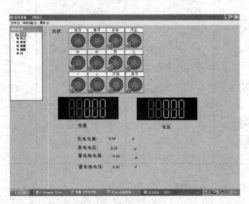

图 5-39 光伏跟踪界面

图 5-40 风力发电界面

以上即是控组态开发环境的简单设置,点击【文件】—【全部保存】后进入运行环境,即可实现组态基本功能,如图 5-45 所示。

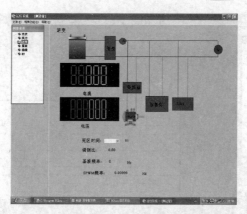

图 5-41　逆变负载系统界面

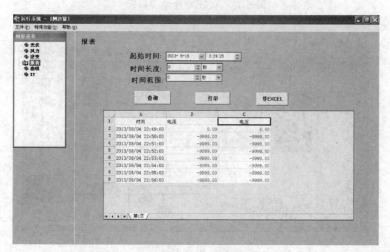

图 5-42　报表界面

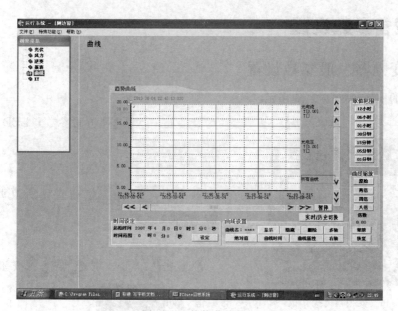

图 5-43　趋势曲线界面

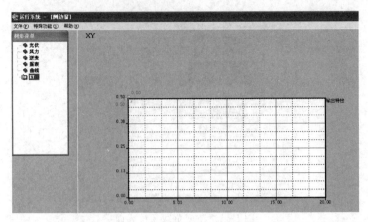

图 5-44　伏安特性曲线界面

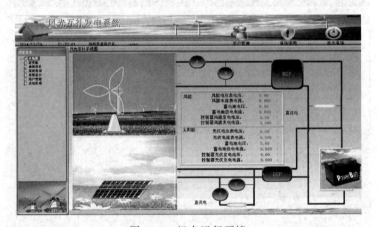

图 5-45　组态运行环境

5.2　设备参数设置

5.2.1　变频器一般参数设置

变频器的操作板如图 5-46 所示。

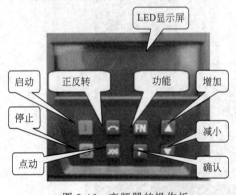

图 5-46　变频器的操作板

① 点击一次 **P** 可访问参数，LED 显示屏上显示 **F0000**。

② 点击 **▲** 或 **▼** 按钮直到所要调节的参数，如 **P0003**。

③ 点击 **P** 确认，按 **▲** 或 **▼** 按钮，设置参数的数值，如 ▯▯▯。

④ 按 **P** 确认退出。按一下 **FN**，再按 **P**，参数设置完毕。

表 5-3 是变频器操作板和上位机控制参数的一些参数设置。

表 5-3 变频器参数设置

操作板参数设置		后台控制参数设置	
参数	说明	参数	说明
P0003＝1	访问级别	P0010＝30	工厂缺省值
P0004＝0	参数过滤	P0970＝1	初始化
P0010＝0	准备运行	P0003＝1	标准级访问
P0100＝0	工作区频率	P0010＝1	快速调试
P0304＝380	额定电压	P0304＝220	额定电压
P0305＝1.07	额定电流	P0305＝0.25	额定电流
P0307＝0.37	额定功率	P0307＝???	额定功率
P0310＝50	额定频率	P0310＝????	额定频率
P0311＝1400	额定转速	P0311＝????	额定转速
P0700＝1	面板操作	P0700＝5	远程控制
P1000＝1	面板操作	P1000＝5	上位机控制
P1080＝???	最小频率	P3900＝1	结束快速调试
P1082＝50	最大频率	P0003＝3	专家级访问
P1120＝??	启动时间	P2009[0]＝1	设定值以十进制发送
P1121＝??	停机时间	P2010[0]＝6	波特率为 9600
P3900＝0	结束快速调试不复位	P2011[0]＝3	从站地址为 3

注意：在面板操作设置中，P0010 这个参数首先设置为"1"（快速调试），待全部参数设置完成，必须把 P0010 设置为"0"（准备运行）。

5.2.2 智能仪表一般参数设置

图 5-47 是智能仪表界面，4 个按钮从左往右分别是增加按钮、减少按钮、置位按钮、确认按钮。

一般参数调节，只调节波特率和地址。

首先按"set"按钮，界面显示为 ，按 按钮，进

入参数调节界面，界面为 ，按上下加减按钮，选择地

址 和波特率 ，选择以后，按下 进行设置，地

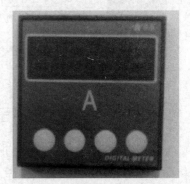

图 5-47 智能仪表界面

址为"1~6"，波特率为"9600"，再按 按钮，确认。再按"set"键，界面为 ，按

下 键，回到数据显示界面。

5.3 监视力控与 I/O 设备的通信状态

目前各种 I/O 设备提供的对外数据接口可分为以下几类：

① 数字通信接口，包括串口类、以太网（TCP/IP 协议）类、现场总线类、仪器总线类通信接口（如 GPIB 等）；

② 模拟量通道输出，设备直接提供 4～20mA、1～5V 或继电器接点信号等。

力控具有大部分主流设备的 I/O 接口程序，对 GPIB 总线以及 Honeywell、Yokogawa、Foxboro、Fisher-Rosemount 等厂家的 DCS 也能够支持。

除通常意义上的数据采集外，力控可以利用采集到的实时数据对装置进行实时建模，插入力控自己的先进控制控件，实施先进控制。

5.3.1 对一个设备上的数据定义不同的采集周期

如果一台设备上有 1000 个实时数据需要采集，而在这 1000 个数据中只有 10 个是经常刷新且需要密切监视的，其余 990 个全部是辅助数据，但是也需要时常查看。如果把这 1000 个数据同等地对待，采用统一的扫描周期进行采集，将会严重影响 10 个重要数据的刷新速度。怎样既保证 1000 个数据都能够采集，又确保这 10 个重要数据的采集速度呢？有两种办法。

① 办法 1　为一个设备定义两个逻辑设备，使其具有不同的采集周期，如图 5-48 所示。其中一个设备的扫描周期为 10min，另一个设备的扫描周期为 50ms。

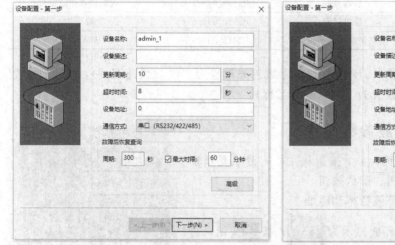

图 5-48　对一个设备上的数据定义不同的采集周期

② 办法 2　一台设备只定义一个设备名称也可以达到要求，只需在定义该设备时选择"动态优化"，如图 5-49 所示。动态优化后的力控 I/O 驱动对画面中不显示且没有组态历史趋势和报警的数据是不采集的，仅当画面中显示这个数据时才进行采集。因此将不常用的数据单独组态在一个或几个画面中，使用完毕马上关闭，就不会影响整个采集速度。这种方法适用于存在有大量不需要快速更新数据的情况。

5.3.2 合理设置扫描周期

有些 I/O 设备内部只有一个 CPU，同时负责数据通信和计算，如果在力控上设置的数据扫描周期太快，容易使设备死机，因此在设置这一参数时应该慎重，最好通过多次试验确定一个合适的扫描周期。设备的扫描周期即为定义设备时的"更新周期"。根据不同的设备，更新周期建议值如表 5-4 所示。

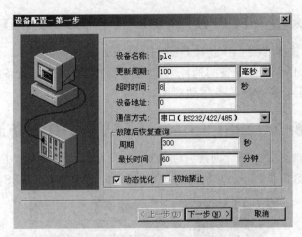

图 5-49　在定义该设备时选择"动态优化"

表 5-4　更新周期建议值

通信方式	通信速率/bps	扫描周期(仅供参考)/ms
串口(RS232/RS422/RS485)	2400 及以下	1000 以上
	4800	500～1000 及以上
	9600	200～500 及以上
	19200 及以上	50～100 及以上
同步		10～100 及以上
MODEM		1000 以上
TCP/IP 网络		200 及以上
网桥(GPRS、CDMA 等)		2000 以上

5.3.3　通过拨号方式与 I/O 设备通信

力控的所有串口 I/O 驱动程序都支持通过 MODEM 以拨号方式与设备通信。只要正确设置电话号码即可，如图 5-50 所示。

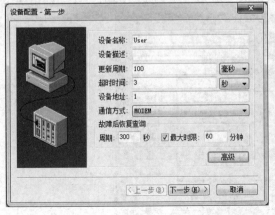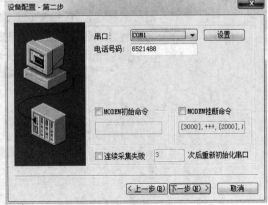

图 5-50　通过拨号方式与 I/O 设备通信

5.3.4 通过以太网 (TCP/IP、UDP/IP) 方式与 I/O 设备通信

根据设备，对应选择 TCP/IP 或者 UDP/IP 的方式。设备定义时，注意通信参数"设备地址"是填写实际的 I/O 硬件设备的地址 (ID 号)，还是填写 I/O 设备的硬件接口 IP 地址，默认设备 ID 号 (一定要参考该设备驱动帮助)。

5.3.5 通过网桥 (GPRS、CDMA) 方式与 I/O 设备通信

设备定义时，通信方式选择"网桥 (GPRS、CDMA 等)"进入"下一步"，如图 5-51 所示，选择厂家的 GPRS 模块，正确填写其他各通信参数，具体参考 GPRS 通信相关的帮助。

图 5-51 编辑"设备定义向导"

5.3.6 通信状态监视及设备状态数据的读取

在力控中可以为每一个 I/O 设备自动定义一个变量，假如系统中有一个设备 PLC1，则每当 PLC1 不能与力控正常通信时，这个变量的值就会被置为 1。计算机通信口故障、电缆与 PLC 端通信口的故障、PLC 通信口与计算机通信口的参数设置不一致，都会造成通信故障。还有一种可能，就是数据连接项错误，如果计算机的命令发给 PLC 的是只读参数，PLC 是不会予以理睬的。

如图 5-52 所示，当定义变量时，在"变量定义"对话框中选定"类别"为"数据库变

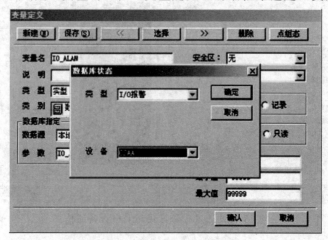

图 5-52 编辑"数据库状态"

量"，在"数据源"中指定数据源，在"参数"中选定"数据库状态"，就会弹出对话框。在下拉框"类型"中选择"I/O 报警"，然后在"设备"下拉框中选择对应的设备名称。当这个设备的通信不正常时，对应的变量值就会变成"1"，可以在程序中判断该变量的值来发出相应的声光报警，也可以用于其他目的。

在管理、协调和负责所有设备数据通信的 I/O Server 中，应观察通信状态，并判断通信是否正常。运行后打开 I/O Server 的界面，如图 5-53 所示。

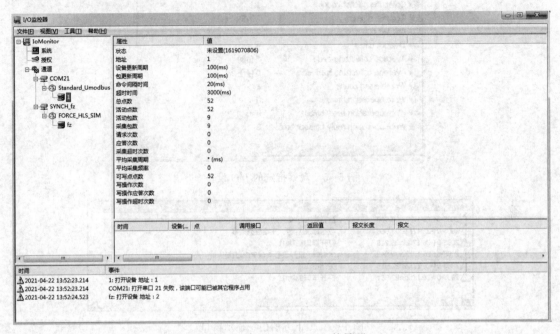

图 5-53　打开 I/O Server 的界面

可以分别从 4 个角度观察通信是否正常。

① 通道（Channel）下的设备通信信号灯闪烁情况（注意鼠标不要选中该设备），如图 5-54 所示。周期性地闪烁绿色为正常，周期性地闪烁红色为故障。

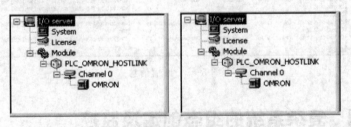

图 5-54　观察设备通信信号灯闪烁情况

② 选中指定的 I/O 设备，观察右上方的窗口，如图 5-55 所示。与通信有关的参数如下。

Request times：请求次数。

Answer times：返回次数。

Timeout times：超时次数。

当超时次数很少或为 0 时，表明通信的参数设置基本没问题。

③ 观察最下方的信息显示窗口，如图 5-56 所示。

④ 右键 Channel 0，显示通信信息，判断收发信息是否正常即可，如图 5-57 所示。

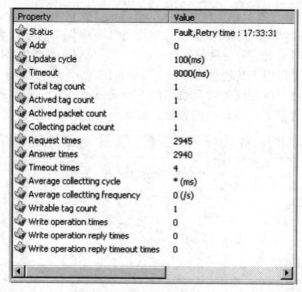

图 5-55　观察指定的 I/O 设备

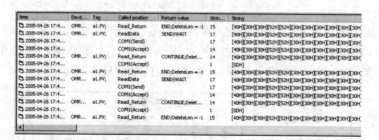

图 5-56　最下方的信息显示窗口

图 5-57　通信信息

5.4　实训　复杂系统的组态创建及监控

(1) 实训目的

① 熟悉力控组态软件开发环境，了解监控系统设计的一般步骤。

② 熟悉力控组态软件中实时数据库的定义及应用。

③ 熟悉力控组态软件的开发环境，掌握图像对象的编辑、子图对象的创立及使用。

(2) 实训设备

PC 上位机、力控软件、智能仪表、万用表等。

(3) 实训任务

① 建立 I/O 设备并创建实时数据库的点组态，包括模拟 I/O 点、数字 I/O 点、控制

点、累计点、组合点、自定义点等。

②　定义主要的变量实例，包括窗口中间变量、中间变量、间接变量、数据库变量，实现对整数型变量的按位访问，以便后续数据采集、动画连接等应用。

③　设计相应的监控系统软件主界面。

（4）实验步骤

按照本章的内容及步骤完成实验，组态运行画面如图 5-58 所示。

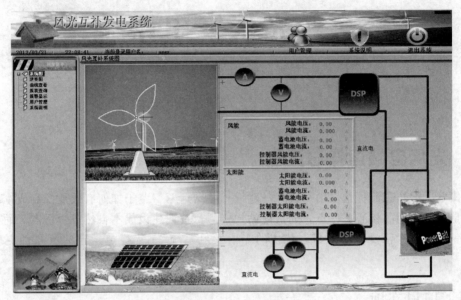

图 5-58　组态运行画面

（5）实验报告要求

①　写出整个实验的各项工作。

②　回答思考题。

（6）思考题

①　怎样使用 DBManager 工具？

②　建立 I/O 设备、建立数据库点要注意哪些问题？

③　怎样给系统添加变量？

④　如何显示设备的通信状态？

（7）填写实训报告（表 5-5）

表 5-5　实训报告

实 训 报 告						
日期		班组		姓名		成绩	

实训项目：复杂系统的组态创建及监控

技术文件识读：

接洽用户：

安装工具、材料的准备：

复杂系统的组态创建及监控技能训练：

第 **6** 章

光伏发电系统设计

6.1 光伏电站运作总流程

光伏电站运作总流程是立项→设计→建设→并网运营。鉴于如何有效地控制成本、提高收益率是投资商们的核心关注点，光伏电站投资项目首期建设成本自然成为重点。而光伏电站作为一个长期运营投资的项目，整体的光伏发电系统 25 年稳定运营的可靠性更应予以重视。

6.1.1 项目立项

立项前要进行合理的需求分析。在需求分析中，最重要的是分析用户需求，列出基本数据，其中包括：

① 所有负载的参数　额定工作电压、耗电功率、用电时间、有无特殊要求等；

② 当地的地理因素　包括地名、经度、纬度、海拔等；

③ 当地的气象资料　主要有逐月平均太阳总辐射量、直接辐射及散射量、年平均气温及最高和最低气温、最长连续阴雨天数、最大风速及冰雹等特殊气候情况。

项目立项的流程参阅图 6-1 和图 6-2。

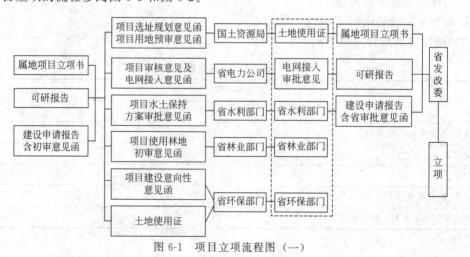

图 6-1　项目立项流程图（一）

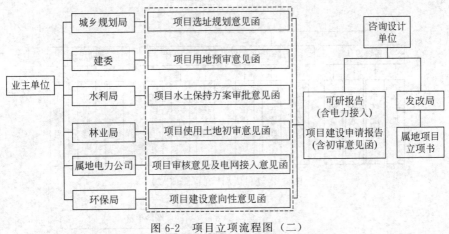

图 6-2　项目立项流程图（二）

6.1.2　项目设计

　　光伏发电系统的设计是一个系统工程，它需要考虑很多因素，并进行各种设计，如电气性能设计、热力设计、静电屏蔽设计、机械结构设计等。设计地面应用的独立电源系统时，最主要的是根据使用要求，确定太阳能电池方阵和蓄电池组的规模，以满足正常工作的需求。在进行光伏发电系统设计时，总的原则是在保证满足负载用电需要的前提下，采用最少的太阳能电池组件和最小的蓄电池组容量，这样可以尽量减少投资，兼顾可靠性及经济性。项目设计流程参阅图 6-3 和图 6-4。

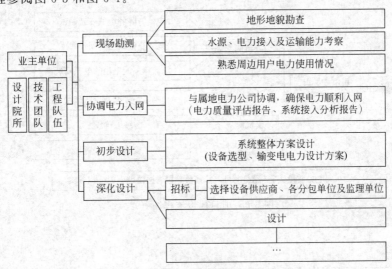

图 6-3　项目设计流程图（一）

6.1.3　项目建设

　　光伏电站在建设期，总承包方要组织土建施工和机电安装配合共同完成，项目初级建设以土建与光伏组件支架安装、电池固定为主，项目建设中期以直流、交流电气工程建设为主，项目建设后期以电池组件安装、电气控制设备调试及安装为主。
　　项目建设流程参阅图 6-5～图 6-7。

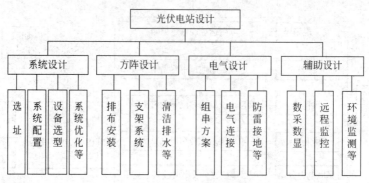

图 6-4 项目设计流程图(二)

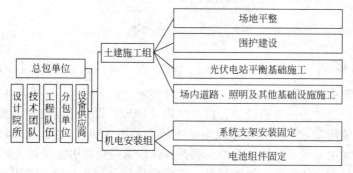

图 6-5 项目建设流程图(一)

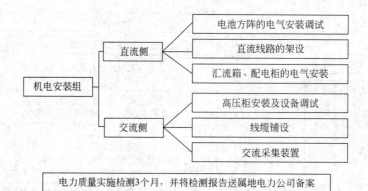

图 6-6 项目建设流程图(二)

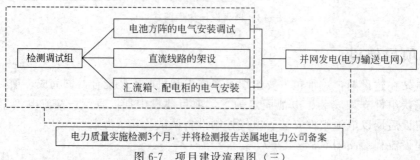

图 6-7 项目建设流程图(三)

6.1.4 项目运营

太阳能光伏电站竣工验收后，在完善的太阳能电站经营管理体系下，使项目实现良性、优质、高效运转。

6.2 安装角度的计算

在光伏发电系统设计中，光伏方阵的安装角度关系到发电量的多少。在实际应用中有两种方式：一种是固定式系统，即光伏方阵的安装角度是固定不变的；另一种是可变式系统，即光伏方阵跟随太阳对地面角度的变化而变化，它根据太阳的位置，通过计算机或电子电路调控光伏方阵的角度，使角度最佳化，从而使发电量最大化。固定式系统比较简单成熟，可变式系统复杂，造价高，目前以固定式系统为主。针对固定式系统，在设计和确定安装角度时，任务是确定方位角和倾斜角，要求在最佳倾角时冬天和夏天辐射的差异尽可能小，而全年总辐射尽可能大，两者兼顾。

方位角是方阵的垂直面与正南方向的夹角。一般情况下，光伏方阵朝向为正南时，太阳能电池的发电量最大。在偏离正南方向 30° 时，光伏方阵的发电量将减少 10%～15%；在偏离正南方向 60° 时，光伏方阵的发电量将减少 20%～30%。光伏方阵设置场所可能会受到许多条件的制约，例如，在地面上设置时土地的方位角，在屋顶上设置时屋顶的方位角，或者是为了躲避太阳阴影时的方位，以及布置规划、发电效率、设计规划、建设目的等许多因素，因此需综合考虑以上各方面的情况来选定方位角。主要城市的辐射参数见表6-1。参考计算公式为

$$方位角＝（一天中负荷的峰值时刻－12）×15＋（经度－116）$$

式中，方位角的单位为 °。

表 6-1 主要城市的辐射参数

城市	纬度 Φ /(°)	最佳倾角 /(°)	年平均日照时间 /h	城市	纬度 Φ /(°)	最佳倾角 /(°)	年平均日照时间 /h
哈尔滨	45.68	$\Phi+3$	4.40	杭州	30.23	$\Phi+3$	3.42
长春	43.90	$\Phi+1$	4.80	南昌	28.67	$\Phi+2$	3.81
沈阳	41.77	$\Phi+1$	4.60	福州	26.08	$\Phi+4$	3.46
北京	39.80	$\Phi+4$	5.00	济南	36.68	$\Phi+6$	4.44
天津	39.10	$\Phi+5$	4.65	郑州	34.72	$\Phi+7$	4.04
呼和浩特	40.78	$\Phi+3$	5.60	武汉	30.63	$\Phi+7$	3.80
太原	37.78	$\Phi+5$	4.80	长沙	28.20	$\Phi+6$	3.22
乌鲁木齐	43.78	$\Phi+12$	4.60	广州	23.13	$\Phi-7$	3.52
西宁	36.75	$\Phi+1$	5.50	海口	20.03	$\Phi+12$	3.75
兰州	36.05	$\Phi+8$	4.40	南宁	22.82	$\Phi+5$	3.54
银川	38.48	$\Phi+2$	5.50	成都	30.67	$\Phi+2$	2.87
西安	34.30	$\Phi+14$	3.60	贵阳	26.58	$\Phi+8$	2.84
上海	31.17	$\Phi+3$	3.80	昆明	25.02	$\Phi-8$	4.26
南京	32.00	$\Phi+5$	3.94	拉萨	29.70	$\Phi-8$	6.70
合肥	31.85	$\Phi+9$	3.69				

倾斜角是光伏方阵平面与水平地面的夹角，并希望此夹角是光伏方阵一年中发电量为最大时的最佳斜倾角度。一年中的最佳倾角与当地的地理纬度有关，当纬度较高时，相应的倾斜角也较大。在设计中要考虑屋顶的倾斜角、积雪滑落的倾斜角和阴影的影响，要进行综合分析，才能使光伏方阵达到最佳状态。

6.3　光伏方阵容量的计算

光伏方阵容量的计算在确定太阳能电池的生产厂家和技术参数下，确定光伏组件串联数和组件并联数及光伏方阵总功率。

【例】　某一生产厂家型号最大功率 48Wp，光伏电池的最佳工作电压 5.0V，工作电流 1.8A。

$$光伏电池组件串联数＝系统直流电压(蓄电池电压)÷5$$

如果系统电压（太阳能电池方阵输出最小电压）为 220V，则光伏电池组件的串联数为 220/5＝44 块。

$$光伏组件的并联数＝负载日耗电(W \cdot h)÷系统直流电压(V)÷日峰值日照÷$$
$$系统效率系数÷光伏组件工作电流$$

例如，负载日耗电 10kW·h，光伏组件的并联数为

$$10000÷220÷4.7÷(0.9×0.9×0.85)÷1.8＝8$$

式中　第一个 0.9——蓄电池的库仑充电效率；
　　　　第二个 0.9——逆变器效率；
　　　　　　0.85——20℃内光伏组件衰降、方阵组合损失、尘埃遮挡等综合系数。

上述系数可以根据实际情况进行调整。

$$光伏电池方阵的总功率＝44×8×48＝16896Wp$$

6.4　蓄电池组容量设计

根据当地气象条件（主要是阴雨天的情况），确定选用的蓄电池组类型和蓄电池组的存储天数。例如，是开口型还是密封电池，是 12V 电池还是 2V 电池，放电深度是多少，存储天数是多少。

$$蓄电池组串联数＝系统直流电压÷单个蓄电池电压$$

蓄电池容量＝负载日耗电÷系统直流电压×存储天数÷逆变器效率÷放电深度

例如，负载日耗电 8kW·h，选用 12V 开口型电池，设计放电深度 55%，蓄电池存储天数为 3 天，则

$$蓄电池串联数＝220/12＝19$$
$$蓄电池容量＝8000÷12×3÷0.85÷0.55＝4278 A \cdot h$$

6.5　支架设计

(1) 设计的总体原则

阵列支架应于安装地进行设计，便于安装，并应在保证强度和刚度的前提下，尽量节约材料，简化制造工艺，降低成本。

（2）资料准备

需要准备的资料有组件的尺寸、组件安装孔的孔径、安装孔到组件边缘的距离、组件的串并联数，以确定阵列支架的长度、宽度及支撑横杆间的距离。

（3）阵列支架的倾斜角

光伏阵列的倾斜角可以根据最佳倾角加以确定。在实际运用中，可以在 10°～90°范围内根据实际情况而定，尤其是在积雪地带，如果设定 45°以上的角度，能够使 20～30cm 厚的积雪依靠自重滑落，有时不得不牺牲最佳倾角来减少积雪的覆盖。

（4）支架的强度

支架的强度指能承受自重和风压相加的荷重的最低限度，在多雪、多震地区还要考虑积雪荷重。有关支架强度的计算可参考相关资料。

（5）支架的材质选择

目前常用的材质有 SUS304 不锈钢、SUS202 不锈钢、C 型钢、Q235 普通钢、热浸镀锌、铁等。支架的材质根据设计的使用寿命和环境条件来决定，使用寿命可参考如下。

① 钢＋表面涂漆（有颜色）：5～10 年。

② 钢＋热浸镀锌：20～30 年。

③ 不锈钢：30 年以上。

不锈钢的价格过于昂贵，一般采用①、②形式。进行热浸镀锌时，不同环境下选择不同的厚度，在重工业地区及繁忙的公路中含有高浓度的二氧化硫，会促进金属的生锈腐蚀。一般重工业区或沿海地区的镀锌量为 550～600g/m²，郊区的镀锌量为 400g/m²。

（6）光伏阵列前后排的距离

光伏阵列的安装支架必须考虑前后排的距离，以防止在日出日落时前排光伏组件产生的阴影遮挡住后排的光伏组件而影响光伏阵列的输出功率。根据光伏发电系统所在的地理位置、太阳运动情况、安装支架的高度等因素，可以由下列公式计算出固定式支架前后排之间的最小值：

$$d = \frac{707h}{\tan[\arcsin(0.648\cos\phi - 0.399\sin\phi)]}$$

式中，ϕ 为安装光伏发电系统所在地区的纬度；h 为前排组件最高点与后排组件最低点的高度差，如图 6-8 所示。

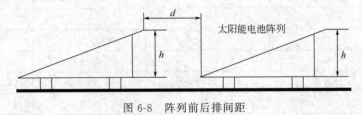

图 6-8　阵列前后排间距

6.6　控制器的选型

（1）控制器选型依据

控制器选型要考虑控制器的额定功率大于光伏阵列最大输出功率，控制器额定电压等于光伏阵列的工作电压，额定电流等于光伏阵列的短路电流。控制器的参数设置要结合光伏阵列的输入路数、蓄电池组数等因素，光伏系统控制器的安装还要结合光伏系统中的安装位置、结构以及环境等因素综合考虑。

（2）选型考虑的其他因素

① 应将高可靠性放在首位。电子设备采用元器件的数量越多，其可靠性问题可能越严重。因此，在保证系统正常工作的前提下，减少不必要的功能要求和整机元器件的数量，对于提高可靠性、减少自耗、降低成本都很有益处。

② 蓄电池是光伏发电系统的重要组成部分，也是较易发生故障的部分。其充电控制设计是否合理，是影响蓄电池寿命的关键。常用的充电控制方法有折点电压测量法、热传感器法、定时法和负电压斜率法等。控制器目前在光伏充电部分采用多级折点电压测量法进行分级定流充电。在柜式控制器中，备用电源对蓄电池的充电采用定时法和折点电压测量法双重控制。

③ 控制器与光伏阵列匹配：一是工作电压须一致；二是选用的控制器的最大充电电流应大于光伏阵列所提供的最大电流，并进行合理分配（对多路输出而言）。光伏阵列所能提供的最大电流值可按公式 $I_m = P_m/U_m$ 计算，式中 P_m 为该系统太阳能电池的总峰值功率，U_m 为该系统太阳能电池的最大工作电压（例如，采用 ND1010×400 光伏组件的 12V 系统，最佳工作电压为 16.9V）。

④ 与蓄电池匹配。目前用于光伏发电系统的蓄电池大致有三种类型：碱性镉镍蓄电池、酸性免维护蓄电池和选型开口蓄电池。它们的充放电特性有一定差异，控制器的工作点应能根据用户选用的蓄电池进行必要的调整，以达到较好的匹配。

⑤ 与负载匹配。控制器的输出电压应在负载允许的工作电压范围内。输出电流除应考虑正常工作电流外，还应考虑冲击性负载开机大电流的影响。对部分有接地要求的系统，控制器的工作极性应与之匹配。

⑥ 控制器应有良好的售后服务，可以免除用户的后顾之忧。

（3）选型参考

表 6-2 是常规光伏控制器的技术参数，供控制器选型时参考。

表 6-2　常规光伏控制器的技术参数

技术参数		48V 60A	24V 60A	12V 60A
系统额定电压/V		48	24	12
最大输入功率/W		2400	1200	600
电流/A	放电	60	60	60
	充电	60	60	60
充电	均充	57.6V±1%	28.8V±1%	14.4V±1%
	恢复	53.2V±1%	26.6V±1%	13.3V±1%
	浮充	(54.0V～55.2V)±1%	(27.0V～27.6V)±1%	(13.5V～13.8V)±1%
	温度补偿/(mV/℃)	−72	−36	−18
过放	启动电压	49.2V±1%	24.6V±1%	12.3V±1%
	断开	44.4V±1%	22.2V±1%	11.1V±1%
	恢复	52.8V±1%	26.4V±1%	13.2V±1%
过压	切断	66V±1%	33V±1%	16.5V±1%
	恢复	60V±1%	30V±1%	15V±1%
空载电流/mA		≤10	≤10	≤10
最大开路电压/V		100	50	25

续表

技术参数	48V 60A	24V 60A	12V 60A
电压降落/V	输入≤0.7		输入≤0.6
	输出≤0.3		输出≤0.3
显示	液晶+LED		
工作温度/℃	−25～+55		
使用海拔	≤5500m(2000m 以上需要降低功率使用)		
产品尺寸和质量	180mm×107mm×55mm		0.95kg

6.7 逆变器的选型

(1) 选型依据

逆变器的选型主要须考虑其额定功率大于光伏阵列的最大输出功率，逆变器的输入电压要在控制器输出额定电压范围内，逆变器输入额定电流大于控制器输出电流，输出电压等于负载的工作电压，同时也应该综合考虑逆变效率、价格和易于安装等问题。

(2) 选型考虑的其他因素

① 要选用较高效率的逆变器。如果选用较大功率的逆变器，要确保其在满载工作时的效率必须达到90%以上；中小功率逆变器满负荷工作时，确保逆变器效率在85%以上。逆变器效率的高低将直接影响光伏发电系统的设计成本与效率。

② 选用的逆变器要有较宽的直流电压输入范围。光伏发电系统中，光伏列阵的端电压是根据日照情况变化的，虽然蓄电池对光伏阵列的端电压具有钳位作用，但是，由于蓄电池在使用过程中其端电压随蓄电池剩余容量和内阻的变化而变化，尤其当蓄电池老化时其端电压变化较大。例如，标称电压为12V的蓄电池，其端电压在使用过程中可以在11～17V范围内变化。为保证逆变器交流输出电压的稳定，逆变器必须能在较大直流电压输入范围内正常工作，从而保证光伏发电系统的稳定。

③ 光伏发电系统所选用的逆变器要有足够的额定输出容量和过载能力。在系统中，选用逆变器首先要保证逆变器有足够的输出容量，如果容量不够，那么系统无法驱动负载，将导致系统无法正常工作。当逆变器负载为单个设备时，其额定容量的选取比较简单；但对于多个负载同时工作或大型的并网光伏发电系统，逆变器的选取还应考虑其负载类型以及用电设备的其他因素，从而确定逆变器的额定输出容量。对于电感性负载，应该选取过载能量较强的逆变器。

④ 对大、中型光伏发电系统，要求逆变器输出失真较小的正弦波。几乎所有的交流负载设备在正弦波输出下都能很好地工作。如果大、中型光伏发电系统采用方波输出，方波中较多的谐波分量将产生较多的损耗，从而影响系统效率。

⑤ 对于并网光伏发电系统，因为光伏阵列通过逆变器向公用电网输送电力，光伏阵列的功率和具体的日照条件共同决定逆变器输送给公用电网的电力，所以对并网光伏发电系统所选用的逆变器，除具有直流转交流功能外，还必须具有光伏阵列最大功率跟踪功能，即在日照和温度等条件变化的情况下，逆变器能自动调节，实现光伏阵列的最佳运行。

⑥ 其他综合考虑因素。在选择逆变器时，还应综合考虑逆变器的可维护性和保护功能等。选购的逆变器如果是模块化设计的逆变器，维护时可以直接更换损坏模块，从而保证系统的正常运行。注意逆变器应具有基本的保护功能，如过流保护、短路保护、防接保护等。

光伏发电系统的设计过程中，应仔细选用适合于性能设计的逆变器。在大、中型光伏发电系统的设计中，可能需要用到多个逆变器检测相关数据采集接口是否采集到数据，以实现系统的自动监控等。逆变器的选择因素是多方面的，要根据实际需要做出合理的选择，从而保证系统高效稳定运行。

常规离网逆变器的技术参数如表 6-3 所示。

表 6-3　常规离网逆变器的技术参数

技术参数	B12P1K5-1	B24P1K5-1	B48P1K5-1	B12P1K5-2	B24P1K5-2	B48P1K5-2
输出功率/W	2500					
输入电压/V DC	12	24	48	12	24	48
输出电压/V AC	100,110,120　±5%			220,230,240　±5%		
空载电流/A	1.2	0.6	0.3	1.2	0.6	0.3
输出频率/Hz	50±0.5,60±0.5					
输出波形	纯正弦波					
波形失真	THD<3%(线性负载)					
USB	5V　500mA					
输出效率	最大94%					
输入电压范围/V	10～15.5	20～31	40～61	10～15.5	20～31	40～61
欠压报警/V	10.5±0.5	21±0.5	42±1	10.5±0.5	21±0.5	42±1
欠压保护/V	10±0.5	20±0.5	40±1	10±0.5	20±0.5	40±1
过压保护/V	15.5±0.5	31±0.5	61±1	15.5±0.5	31±0.5	61±1
欠压恢复/V	13±0.5	24±0.5	48±1	13±0.5	24±0.5	48±1
过压恢复/V	14.8±0.5	29.5±0.5	59±1	14.8±0.5	29.5±0.5	59±1

保护功能	欠压/过压	LED 红灯亮,关闭并报警
	过载	LED 红灯亮,关闭锁死并报警
	过温	LED 红灯亮,关闭并报警
	短路	LED 红灯亮,关闭并报警
	输入反接	二极管或者 MOS 管

工作环境温度/℃	−10～+50	数量/箱	4
储存环境温度/℃	−30～+70	尺寸/mm	507×440×3386
产品尺寸/mm	280×169×86	整箱质量/kg	19
	396×230×153	质保	2 年
启动	双极软启动	冷却方式	风冷

6.8　10MW 太阳能电站方案

10MW 的太阳能光伏并网发电系统，推荐采用分块发电、集中并网方案，将系统分成10 个 1MW 的光伏并网发电单元，分别经过 0.4kV/35kV 变压配电装置并入电网，最终实现将整个光伏并网系统接入 35kV 中压交流电网进行并网发电的方案。

本系统按照10个1MW的光伏并网发电单元进行设计，并且每个1MW发电单元采用4台250kW并网逆变器的方案。每个光伏并网发电单元的电池组件采用串并联的方式组成多个太阳能电池阵列，太阳能电池阵列输入光伏方阵防雷汇流箱后接入直流配电柜，然后经光伏并网逆变器和交流防雷配电柜并入0.4kV/35kV变压配电装置。

6.8.1　太阳能电池阵列设计

(1) 太阳能光伏组件选型

　　① 单晶硅光伏组件与多晶硅光伏组件的比较。单晶硅太阳能光伏组件电池转换效率高，商业化电池的转换效率为11%～24%，稳定性好，同等容量太阳能电池组件所占面积小，但是成本较高，每瓦售价约36～40元。

　　多晶硅太阳能光伏组件生产效率高，转换效率略低于单晶硅，商业化电池的转换效率为12%～18.6%，在寿命期内有一定的效率衰减，但成本较低，每瓦售价约34～36元。两种组件使用寿命均能达到25年，其功率衰减均小于15%。

　　② 根据性价比，本方案推荐采用165Wp太阳能光伏组件，全部为国内封装组件，其主要技术参数如表6-4所示。

表6-4　光伏组件主要技术参数

技术参数	CY-TP160	CY-TP165	CY-TP170	CY-TP 175
最大功率/W	160	165	170	175
工作电压 U_m/V	36	36	36	36
工作电流 I_{mp}/A	4.44	4.58	4.72	4.86
开路电压 U_{oc}/V	42.48	42.48	42.48	42.48
短路电流 I_{sc}/A	4.80	4.94	5.09	5.24
最大系统电压/V DC	1000			
晶片尺寸/mm	125×125			
晶片数量	单晶72片　　6×12片			
配线参数	4mm² 　TUV certified 　900mm			
连接器类型	Compatible 　typeⅢ			
二极管数量	3个			
P_m 温度系数	−0.45%/℃			
U_{oc} 温度系数	−0.35%/℃			
I_{sc} 温度系数	+0.05%/℃			
标准测试条件	1.5Am 　25℃ 　1000W/m²			
适用温度范围/℃	−40～85			
组件尺寸/mm	1580×805×50			
组件参考质量/kg	25			
包装方式	2个 　36kg/纸箱			
相关认证	CE,IEC 61215,RoHS			
质量保证	5年质量全保,10年90%功率输出,20年80%功率输出			

(2) 并网光伏系统效率计算

并网光伏发电系统的总效率由光伏阵列效率、逆变器转换效率、交流并网效率三部分组成。

① 光伏阵列效率 η_1 光伏阵列在 1000W/m^2 太阳辐射强度下，实际的直流输出功率与标称功率之比。光伏阵列在能量转换过程中的损失，包括组件的匹配损失、表面尘埃遮挡损失、不可利用的太阳辐射损失、温度影响、最大功率点跟踪精度及直流线路损失等，取效率85％计算。

② 逆变器转换效率 η_2 逆变器输出的交流电功率与直流输入功率之比，取逆变器效率95％计算。

③ 交流并网效率 η_3 从逆变器输出至高压电网的传输效率，其中主要是升压变压器的效率，取变压器效率95％计算。

④ 系统总效率为：

$$\eta_{总}=\eta_1 \times \eta_2 \times \eta_3=85\% \times 95\% \times 95\%=77\%$$

(3) 倾斜面光伏阵列表面的太阳能辐射量计算

从气象站得到的资料，均为水平面上的太阳能辐射量，需要换算成光伏阵列倾斜面的辐射量才能进行发电量的计算。

对于某一倾角固定安装的光伏阵列，所接收的太阳能辐射量与倾角有关，较简便的辐射量计算经验公式为：

$$R_\beta=S[\sin(\alpha+\beta)/\sin\alpha]+D$$

式中 R_β——倾斜光伏阵列面上的太阳能总辐射量；

　　S——水平面上太阳直接辐射量；

　　D——散射辐射量；

　　α——中午时分的太阳高度角；

　　β——光伏阵列倾角。

根据当地气象局提供的太阳能辐射数据，按上述公式计算不同倾斜面各月的太阳辐射量，具体数据如表 6-5 所示。

(4) 太阳能光伏组件串并联方案

单台 250kW 逆变器需要配置太阳能电池组件串联的数量 $N_p=250000 \div 2970 \approx 85$ 列，1MW 太阳能光伏电伏阵列单元设计为 340 列支路并联，共计 6120 块太阳能电池组件，实际功率达到 1009.8kWp。

整个 10MW 系统所需 165Wp 电池组件的数量 $M_1=10 \times 6120=61200$ 块，实际功率达到 10.098MW。

表 6-5 不同倾斜面各月的太阳辐射量　　　　　　单位：kW·h/m²

月份	30°	34°	36°	38°	40°	42°	44°	46°	50°
1月	136.5	140.5	142.3	144.0	145.6	147.0	148.3	149.4	151.4
2月	146.7	149.8	151.1	152.3	153.4	154.3	155.1	155.7	156.5
3月	193.1	194.7	195.3	195.8	196.1	196.2	196.1	196.0	195.1
4月	180.4	180.2	179.9	179.4	178.9	178.9	178.2	177.4	176.4
5月	247.8	245.6	244.3	242.7	240.9	239.0	236.9	234.5	229.3
6月	241.6	238.5	236.7	234.7	232.5	230.1	227.5	224.8	218.7
7月	230.7	228.1	226.5	224.7	222.7	220.5	218.1	215.5	209.8

续表

月份	30°	34°	36°	38°	40°	42°	44°	46°	50°
8月	226.2	225.2	224.5	223.5	222.3	220.9	219.3	217.5	213.3
9月	196.3	197.6	198.0	198.2	198.2	198.1	197.7	197.2	195.5
10月	181.9	185.5	187.1	188.4	189.6	190.6	191.4	192.0	192.6
11月	142.3	146.6	148.5	150.3	151.9	153.0	154.7	155.9	157.8
12月	127.4	131.7	133.7	135.5	137.2	138.8	140.3	141.6	143.8
全年	2251.3	2264.7	2268.4	2270.0	2270.0	2268.0	2263.0	2257.0	2239.0

该工程光伏并网发电系统需要165Wp的多晶硅太阳能电池组件61200块，18块串联，3400列支路并联的阵列。

（5）太阳能光伏阵列的布置

① 光伏电池组件阵列间距设计见图6-9（a）。根据6.5节相关公式计算求得 $d=5025\text{mm}$。为了避免阵列之间遮阴，光伏电池组件阵列间距应不小于5025mm，取光伏电池组件前后排阵列间距为5.5m。

② 太阳能光伏组件阵列单列排列面布置见图6-9（b）。

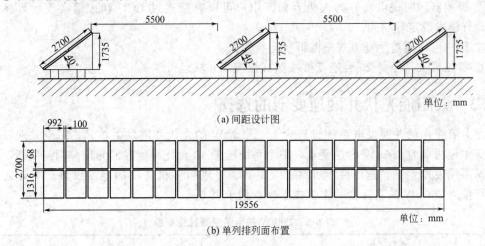

图6-9 光伏组件阵列布置

6.8.2 直流配电柜设计

每台直流配电柜按照250kWp的直流配电单元进行设计，1MW光伏并网单元需要4台直流配电柜。每个直流配电单元可接入10路光伏方阵防雷汇流箱，10MW光伏并网系统共需配置40台直流配电柜。每台直流配电柜分别接入1台250kW逆变器，如图6-10所示。

每个1MW并网单元可另配备一套群控器（选配件），其功能如下。

① 群控功能的解释：这种网络拓扑结构和控制方式适合大功率光伏阵列，在多台逆变器公用可分断直流母线时使用，可以有效增加系统的总发电效率。

② 当太阳升起时，群控器控制所有的群控用直流接触器KM1～KM3闭合，并指定一台逆变器INV1首先工作，而其他逆变器处于待机状态。随着光伏阵列输出能量的不断增大，当INV1的功率达到80%以上时，控制直流接触器KM2断开，同时控制INV3进行工作。随着日照继续增大，将按上述顺序依次投入逆变器运行。太阳落山时，则按相反顺序依次断开逆变器，从而最大限度地减少每台逆变器在低负载、低效率状态下的运行时间，提高

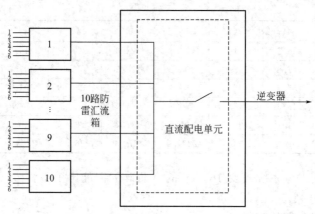

图 6-10　直流配电柜

系统的整体发电效率。

　　③ 群控器可以通过 RS485 总线获取各个逆变器的运行参数、故障状态和发电参数,以做出运行方式判断。

　　④ 群控器同时提供友好的人机界面。用户可以直接通过 LCD 和按键实现运行参数查看、运行模式设定等功能。

　　⑤ 用户可以通过手动方式解除群控运行模式。

　　⑥ 群控器支持至少 20 台逆变器按照群控模式并联运行。

6.8.3　太阳能光伏并网逆变器的选择

　　此太阳能光伏并网发电系统设计为 10 个 1MW 的光伏并网发电单元,每个并网发电单元需要 4 台功率为 250kW 的逆变器,整个系统配置 40 台此种型号的光伏并网逆变器,组成 10MW 并网发电系统。选用性能可靠、效率高、可进行多机并联的逆变设备,本方案选用额定容量为 250kW 的逆变器,主要技术参数列于表 6-6。

表 6-6　250kW 并网逆变器性能参数

参数名称	数值
容量	250kW
隔离方式	工频变压器
最大太阳能电池阵列功率	275kWp
最大阵列开路电压	900V DC
太阳能电池最大功率点跟踪(MPPT)范围	450～880V DC
最大阵列输入电流	560A
MPPT 精度	＞99％
额定交流输出功率	250kW
总电流波形畸变率	＜4％(额定功率时)
功率因数	＞0.99
效率	94％
允许电网电压范围(三相)	320～440V AC

续表

参数名称	数值
允许电网频率范围	47～51.5Hz
夜间自耗电	＜50W
保护功能	极性反接保护、短路保护、孤岛效应保护、过热保护、过载保护、接地保护、欠压及过压保护等
通信接口（选配）	RS485 或以太网
使用环境温度	−20～+40℃
使用环境湿度	0～95%
尺寸（深×宽×高）/mm	800×1200×2260
噪声	≤50dB
防护等级	IP20（室内）
电网监控	按照 UL 1741 标准
电磁兼容性	EN 50081，part1；EN 50082，part1
电网干扰	EN 61000-3-4

（1）性能特点

光伏并网逆变器采用 32 位专用 DSP（LF2407A）控制芯片，主电路采用智能功率 IPM 模块组装，运用电流控制型 PWM 有源逆变技术和优质进口高效隔离变压器，可靠性高，保护功能齐全，且具有电网侧高功率因数正弦波电流、无谐波污染供电等特点。该并网逆变器的主要技术性能特点如下：

① 采用 32 位 DSP 芯片进行控制；

② 采用智能功率模块（IPM）；

③ 具有太阳能电池组件最大功率跟踪（MPPT）技术；

④ 50Hz 工频隔离变压器，实现光伏阵列和电网之间的相互隔离；

⑤ 具有直流输入手动分断开关、交流电网手动分断开关、紧急停机操作开关；

⑥ 有先进的孤岛效应检测方案；

⑦ 有过载、短路、电网异常等故障保护及告警功能；

⑧ 直流输入电压范围为 450～880V，整机效率高达 94%；

⑨ 人性化的 LCD 液晶界面，通过按键操作，液晶显示屏（LCD）可清晰显示各项实时运行数据、实时故障数据、历史故障数据（大于 50 条）、总发电量数据、历史发电量（按月、按年查询）数据；

⑩ 逆变器支持按照群控模式运行，并具有完善的监控功能；

⑪ 可提供包括 RS485 或 Ethernet（以太网）远程通信接口，其中 RS485 遵循 Modbus 通信协议，Ethernet（以太网）接口支持 TCP/IP 协议，支持动态（DHCP）或静态获取 IP 地址；

⑫ 逆变器具有 CE 认证资质部门出具的 CE 安全证书。

（2）电路结构

250kW 并网逆变器主电路的拓扑结构如图 6-11 所示，并网逆变电源通过三相半桥变换器，将光伏阵列的直流电压变换为高频的三相斩波电压，并通过滤波器滤波变成正弦波电压，接着通过三相变压器隔离升压后并入电网发电。为了使光伏阵列以最大功率发电，在直流侧加入了先进的 MPPT 算法。

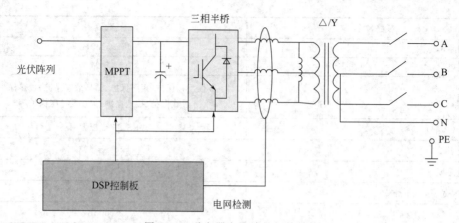

图 6-11　逆变器主电路的拓扑结构

6.8.4　交流防雷配电柜设计

按照 2 个 250kWp 的并网单元配置 1 台交流防雷配电柜进行设计，即每台交流配电柜可接入 2 台 250kW 逆变器的交流防雷配电及计量装置，系统共需配置 20 台交流防雷配电柜。

每台逆变器的交流输出接入交流配电柜，经交流断路器接入升压变压器的 0.4kV 侧，并配有逆变器的发电计量表。每台交流配电柜装有交流电网电压表和输出电流表，可以直观地显示电网侧电压及发电电流。

6.8.5　交流升压变压器的选择

并网逆变器输出为三相 0.4kV 电压，考虑到当地电网情况，需要采用 35kV 电压并网。由于低压侧电流大，考虑线路的综合排布，选用 5 台 S9 系列 0.4kV/(35～38.5) kV，额定容量 2500kV · A 升压变压器分支路升压。变压器技术参数如表 6-7 所示。

表 6-7　变压器技术参数

参数		单位	数值
额定容量		kV · A	2000
额定电压	高压	kV	35±5%
	低压	kV	0.4
损耗	空载	kW	3.2
	负载	kW	20.7
空载电流		%	0.8
短路阻抗		%	6.5
重量	油	t	1.81
	变压器身	t	4.1
	总重	t	7.95
外形尺寸(长×宽×高)		mm	2850×1820×3100
轨距		mm	1070

6.8.6 系统组成方案原理框图（图6-12）

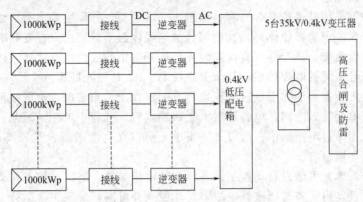

图 6-12 系统组成方案原理框图

6.8.7 系统接入电网设计

（1）系统概述

本系统由 10 个 1MW 的光伏单元组成，总装机 10MW，太阳能光伏并网发电系统接入 35kV/50Hz 的中压交流电网，按照 2MW 并网单元配置 1 套 35kV/0.4kV 的变压及配电系统进行设计，即系统需要配置 5 套 35kV/0.4kV 的变压及配电系统。下面为每套 35kV 中压交流电网接入方案。

（2）重要单元的选择

① 35kV/0.4kV 配电变压器的保护 35kV/0.4kV 配电变压器的保护配置，采用负荷开关加高遮断容量后备式限流熔断器组合的保护配置，既可提供额定负荷电流，又可断开短路电流，并具备开合空载变压器的性能，能有效保护配电变压器。

系统中采用的负荷开关，通常为具有接通、隔断和接地功能的三工位负荷开关。变压器馈线间隔还增加高遮断容量后备式限流熔断器来提供保护。这是一种简单、可靠而又经济的配电方式。

② 高遮断容量后备式限流熔断器的选择 由于光伏并网发电系统的造价昂贵，在发生线路故障时，要求线路切断时间短，以保护设备。

熔断器的特性要求具有精确的时间-电流特性（可提供精确的始熔曲线和熔断曲线）；有良好的抗老化能力；达到熔断值时能够快速熔断；要有良好的切断故障电流能力，可有效切断故障电流。

根据以上特性，可以把该熔断器作为线路保护和并网逆变器以及整个光伏并网系统的保护使用，并通过选择合适的熔丝相配合，实现上级熔断器与下级熔断器及熔断器与变电站保护之间的配合。

对于 35kV 线路保护，《3～110kV 电网继电保护装置运行整定规程》要求：除极少数有稳定问题的线路外，线路保护动作时间以保护电力设备的安全和满足规程要求的选择性为主要依据，不必要求速动保护快速切除故障。

通过选用性能优良的熔断器，能够大大提高线路在故障时的反应速度，降低事故跳闸率，更好地保护整个光伏并网发电系统。

③ 中压防雷保护单元 该中压防雷保护单元选用复合式过电压保护器，可有效限制大气过电压及各种真空断路器引起的操作过电压，对相间和相对地的过电压均能起到可靠的限制作用。

该复合式过电压保护器不但能保护节流过电压、多次重燃过电压及三相同时开断过电压，而且能保护雷电过电压。

　　过电压保护器采用硅橡胶复合外套整体模压一次成型，外形美观，引出线采用硅橡胶高压电缆，除 4 个线鼻子为裸导体外，其他部分被绝缘体封闭，故用户在安装时，无需考虑它的相间距离和对地距离。该产品可直接安装在高压开关柜的底盘或互感器室内。安装时，只需将标有接地符号单元的电缆接地，其余分别接 A、B、C 三相即可。

　　设置自控接入装置对消除谐振过电压也具有一定作用。当谐振过电压幅值高至危害电气设备时，该防雷单元接入电网，电容器增大主回路电容，有利于破坏谐振条件，电阻阻尼振荡，有利于降低谐振过电压幅值。所以该防雷单元可以在高次谐波含量较高的电网中工作，适应的电网运行环境更广。

　　另外，该防雷单元可增设自动控制设备，如放电记录器，清晰掌控工作动作状况；可以配置自动脱离装置，当设备过压或处于故障时，脱离开电网，确保正常运行。

　　④ 中压电能计量表　中压电能计量表是真正反映整个光伏并网发电系统发电量的计量装置，其准确度和稳定性十分重要。采用性能优良的高精度电能计量表至关重要。

　　为保证发电数据的安全，建议在高压计量回路同时装一块机械式计量表，作为 IC 式电能表的备用或参考。

　　该电表不仅要有优越的测量技术，还要有非常高的抗干扰能力和可靠性。同时，该电表还可以提供灵活的功能，显示电表数据，显示费率，显示损耗（ZV）、状态信息、警报、参数等。此外，显示的内容、功能和参数可通过光电通信口用维护软件来修改。通过光电通信口，还可以处理报警信号，读取电表数据和参数。

(3) 监控装置

　　系统采用高性能工业控制 PC 机作为系统的监控主机，可以每天 24h 不间断对所有的并网逆变器进行运行数据的监测。

　　光伏并网系统的监测软件使用大型光伏并网系统专用网络版监测软件 SPS-PVNET（Ver2.0）。该软件可连续记录运行数据和故障数据。

　　① 要求提供多机通信软件，采用 RS485 或 Ethernet（以太网）远程通信方式，实时采集电站设备运行状态及工作参数并上传到监控主机。

　　② 要求监控主机至少可以实时显示下列信息：电站的当前发电总功率、日总发电量、累计总发电量、累计 CO_2 总减排量，以及每天发电功率曲线图；每台逆变器的运行参数，主要包括直流电压、直流电流、直流功率、交流电压、交流电流、逆变器机内温度、时钟、频率、功率因数、当前发电功率、日发电量、累计发电量、累计 CO_2 减排量、每天发电功率曲线图。

　　监控主机应监控所有逆变器的运行状态，采用声光报警方式提示设备出现故障，可查看故障原因及故障时间。监控的故障信息至少包括以下内容：电网电压过高、电网电压过低、电网频率过高、电网频率过低、直流电压过高、直流电压过低、逆变器过载、逆变器过热、逆变器短路、散热器过热、逆变器孤岛、DSP 故障、通信失败。

　　③ 要求具有软件集成环境监测功能，主要包括日照强度、风速、风向、室外温度、室内温度和电池板温度等参量。

　　④ 要求最短每隔 5min 存储一次电站所有运行数据，包括环境数据。故障数据需要实时存储。

　　⑤ 要求至少可以连续存储 20 年以上的电站所有的运行数据和所有的故障记录。

　　⑥ 要求至少提供中文和英文两种语言版本。

⑦ 要求可以长期 24h 不间断运行在中文 Windows 7 操作系统。

⑧ 要求使用高可靠性工业 PC 作为监控主机。

⑨ 要求提供多种远端故障报警方式，至少包括 SMS（短信）方式、E_mail 方式、FAX 方式。

⑩ 监控器在电网需要停电的时候应能接收电网的调度指令。

（4）环境监测装置

在太阳能光伏发电场内配置一套环境监测仪，实时监测日照强度、风速、风向、温度等参数。

该装置由风速传感器、风向传感器、日照辐射表、测温探头、控制盒及支架组成。可测量环境温度、风速、风向和辐射强度等参量，其通信接口可接入并网监控装置的监测系统，实时记录环境数据。

（5）系统防雷接地装置

为了保证光伏并网发电系统安全可靠，防止因雷击、浪涌等外在因素导致系统器件的损坏等情况发生，系统的防雷接地装置必不可少。

① 地线是避雷、防雷的关键　在进行配电室基础建设和太阳能电池方阵基础建设的同时，选择电厂附近土层较厚、潮湿的地点，挖 1～2m 深地线坑，采用 40 扁钢，添加降阻剂并引出地线。引出线采用 35mm^2 铜芯电缆，接地电阻应小于 4Ω。

② 直流侧防雷措施　电池支架应保证良好的接地，太阳能电池阵列连接电缆接入光伏阵列防雷汇流箱，汇流箱内含高压防雷器保护装置，电池阵列汇流后再接入直流防雷配电柜。经过多级防雷装置，可有效地避免雷击导致设备的损坏。

③ 交流侧防雷措施　每台逆变器的交流输出经交流防雷柜（内含防雷保护装置）接入电网，可有效地避免雷击和电网浪涌导致设备的损坏，所有的机柜都要有良好的接地。

（6）组件的安装

① 组件的安装方式　组件安装方式一般分为平铺式、壁挂式和光伏建筑一体化（嵌入式）。光伏组件与安装龙骨之间连接采用可拆卸式结构，不采用黏结、焊接等固定方式。可拆卸式结构组件采用铝合金等不易生锈的材料，连接要有足够的强度，以保证光伏组件在任何自然气象条件不脱落。铝型材之间的连接处留有一定的缝隙，以保障吸收光伏组件与安装龙骨之间的热胀冷缩。安装龙骨可以直接用螺栓与下部支架或屋面连接的预留孔洞连接。

② 组件安装需遵循的要求

a. 朝向　固定式组件安装应朝向正南，能够更大限度地吸收太阳光。

b. 角度　光伏组件在安装时与地面的角度大小，可根据当地纬度计算而得出，具体的计算方式前面已经介绍。

c. 光伏组串的连接　光伏组件在安装后进行线路连接时，需要严格按组件布置图及接线图的设计要求进行施工，并联与串联不能混淆。在连接完成后，需用万用表测量组串的开路电压是否与组件设计的开路电压相符。

d. 光伏组件的防雷　光伏组件在安装时需加装防雷模块。一般组件在安装过程中，需将组件与组件之间用导电金属进行连接，从而整个组串将成为一个整体，如遇到雷击，电流将沿支架导入地下。

e. 线缆的标记　在施工过程中要对线缆进行标记，提高接线效率，减少后期的维护与检修成本。

③ 组件的固定方式　压块式和螺栓螺母式。

④ 组件的进场检验　光伏组件应无变形，钢化玻璃无损坏、划伤及裂纹；测量组件组

件输出端与标识正负应吻合。组件正面玻璃无裂纹和损伤，背面无划伤、毛刺等。安装之前在阳光下测量单块组件的开路电压应不低于标称开路电压。

⑤ 太阳能组件安装要求　光伏组件在运输保管和吊装过程中，应轻搬轻放，不得有强烈的冲击和振动，不得横置重压。组件的安装按图纸逐块安装，螺杆的安装方向为自内向外，并紧固组件螺栓。安装过程中必须轻拿轻放，以免破坏表面的保护玻璃；组件的连接螺栓应有平垫圈，紧固后应将螺栓露出部分及螺母涂刷油漆，做防松处理。在各项安装结束后进行补漆，组件安装必须做到横平竖直，同方阵内的组件间距保持一致，注意组件的接线盒方向。

⑥ 组件安装面的粗调　调整首末两根组件固定杆的位置并将其紧固；将放线绳系于首末两根组件固定杆的上下两端，并将其绷紧；以放线绳为基准，分别调整其余组件固定杆，使其在一个平面内；预紧固所有螺栓。

⑦ 组件调平　将两根放线绳分别系于组件方阵的上下两端，并将其绷紧。以放线绳为基准分别调整其余组件，使其在一个平面内。紧固所有螺栓。

⑧ 基础槽钢安装工序的作业方法、工艺要求及质量标准

a.领料　根据施工图纸及材料计划，领取相应规格、型号的材料，数量应满足需要。材质应符合设计要求，无毛刺、无裂纹、无弯曲变形。

b.调整平直　在样板台架上，用大铁锤对每一根型钢进行校正、平直。对平直好的型钢要垫好，堆放整齐，以防二次变形。

c.配料　测量所安装盘、柜的宽度和深度，计量整列盘、柜基础的总尺寸。

(a) 基础配料尺寸计算方法为：

总长度 $\quad\quad\quad\quad\quad N \times X + (N-1) \times 2 (\text{mm})$

宽度 $\quad\quad\quad\quad\quad\quad\quad Y+5 (\text{mm})$

其中，N 为盘、柜的台数；X 为盘、柜的宽度；Y 为盘、柜的深度；2 为两台盘、柜之间的连接裕度；5 为整列盘、柜不直度所留裕度，此裕度安装时留在盘前。

(b) 配料时切口应平整，端头无毛刺，槽钢相互连接处亦可打成坡口。配好的材料应标注尺寸及安装位置编号。

d.制作　基础制作应符合设计要求，槽钢相互连接处焊接宜三面焊满，未打坡口的槽钢向上一面宜在槽钢内侧焊接，确保槽钢上表面平整。

e.防腐处理　对加工好的材料内外侧用铁刷除锈，刷防锈油漆。油漆应均匀、完整。

f.基础运输　非现场制作的基础运输时，运输工具应合适，防止基础变形。

g.平面定位　根据施工图纸及计算尺寸测量基础的平面尺寸，确定基础的 4 个角位置，画出 4 条边线，用支撑铁件在边线的外侧固定作为标准点。定位时应考虑母线桥及孔洞的对应尺寸。在同一室内双列布置的盘、柜基础之间距离，应为设计的平面尺寸减去 10mm 的预留。

h.埋件标高测量　测量同一室内的预埋件标高，选择符合要求的最高埋件，并以此埋件为标准，测量其他埋件的差值，做好记录，以便基础安装时选择合适的支撑铁件。

i.基础型钢定位　按照测量的平面位置，将已制作成型的基础槽钢平放到位，再用木楔将槽钢垫平，用水平仪测量每个固定点上槽钢的高度，用改变木楔插入深度的方式，调整每点的高度，其误差接近于零。然后用支撑铁件、垫铁将基础和预埋件点焊固定到一起。尺寸核对无误后，应及时将槽钢与支撑铁件、支撑铁件与预埋铁件、型钢与垫铁都按焊接标准焊接牢固。支撑铁件应平放，不应有尖角支出。

j.基础槽钢接地　基础安装结束后，应及时按设计要求进行接地施工。若无详图时，应

按照规范要求，每段基础有两点与接地网可靠连接。同一室内的多段基础应互相连接成环网形，室内的试验用接地端子也要同时完成，标注明显的接地符号。焊接质量应符合接地焊接质量标准，三面焊接。焊接面应牢固、美观、无虚焊。

　　k. 次防腐处理　基础及接地焊接完成后，应将焊点上的焊渣清理干净，整段基础应刷一层防锈漆，固定式盘基础还要刷一层黑漆。油漆应均匀、完整。

　　l. 基础型钢验收　施工结束后及时通知班组质检员进行验收工作。班组质检员应根据现场测量的实际数据及检查结果，填写质量验收单。

　　m. 基础二次灌浆　验收工作完成后，通知土建队伍进行二次灌浆。灌浆时应对基础的内外侧同时进行，预留的孔洞、沟道要修复完整。

第 7 章

施工主要分部分项工程

7.1 施工测量

在专业测绘人员定点后施工放线测量，必须是经过培训合格的专业放线员负责施测。所有的全站仪、水平仪、经纬仪等工具均应定期、及时送计量部门检验合格后使用，同时安排专人保管并加强维护保养，以保证各种仪器、工具等处于良好的工作状态。测量控制点根据要求尽量布置在建筑物附近，做到控制面广，定位、放线方便，距建筑物有一定距离，并距土方开挖线 5m 以外，以便于长期保存。

（1）平面轴线控制测量

根据甲方提供的坐标，请专业测绘人员在现场测设主轴线，再由项目部人员放出二级轴线。根据建设单位提供的高程水准点，利用水准仪引测到现场，埋置标高控制桩。

（2）高程控制的测量

由专业测绘人员在现场重要位置放出 10 个以上高程控制点，然后由项目部人员利用水准仪进行高程放样，直到每个太阳能方阵都有 3 个以上高程控制点。

（3）基础验线

以控制桩为依据，确定建筑物及光伏方阵的轴线位置，必须做好基础放线闭合回路，在建筑物位置及各光伏方阵主轴线确定后，请设计、规划、业主等部门验线后，方可开始施工。

（4）基础施工抄平放线

基础与放线应根据基础平面图，按建筑物的轴线定位连接相应轴线，计算开挖放坡坡度，定出开挖边线位置。用水准仪把相应的标高引测到水平桩或轴线上，并画标高标记。

基坑开挖完成后，基坑坑底开挖宽度应通线校核，坑底深度应经水平标高校核无误后，把轴线和标高引移到基坑，在基坑中设置轴线、基础边线及高程标记。在垫层上放出基础平面尺寸。

（5）结构施工放线

根据已有控制网点的主轴线精确引测到各标高面上，特别是 ±0.00 层的控制层的引测，必须复核无误后做标记。在需安置光伏组件建筑上设置控制点，采用经纬仪引测，用内控法确保建筑物放线精度。

（6）测量复核制度

轴线位置及标高测量由施工员投测，项目工程师组织施工员和质量员进行复核，主体封顶后对建筑物总标高、总轴线进行复核，并认真做好记录。

7.2 桩基施工

7.2.1 总体部署

(1) 施工现场准备

① 现场观察，了解施工现场地物地貌和周围环境，依据建筑总平面图及规划图，了解确定现场的大致范围，与业主、监理单位沟通，进行平面布置，为施工做好准备。

② 具备条件后，测量放线人员进场地，根据建筑总平面图要求，请业主单位提供坐标点及标高，将坐标点及水准点标高引进施工现场，依据坐标点及水准点标高，建立现场控制网，设立专区控制测量标桩。控制网建立后，施工现场周边插上小旗，做好标记。

③ 按照施工平面图布置，建设各项临时设施（办公室等生活设施）、材料堆放等。

④ 根据施工组织设计，组织施工机械、设备、工具和材料进场，按照平面布置图指定位置存放，并进行保养和试运转。

⑤ 进场后，进行企业管理资料报验。编制施工组织设计，以及材料的报验、试验工作。

(2) 技术准备

① 根据业主提供的图纸，发现问题后及时向业主反馈，保证图纸无误。

② 对项目部进行施工图设计交底。

③ 催促项目部尽快将地面标高、相关数据反馈，及时调整构件加工尺寸。

(3) 工程施工总体流程

测量放线→建立控制网→定位桩→地锚桩安装→地锚桩偏差处理→验收。

(4) 检验批的划分

① 材料检验批的划分

a. 测量放线划分 1 个检验批。

b. 地锚桩划分 2 个检验批。

② 施工段检验批的划分

a. 测量放线划分 1 个检验批。

b. 地锚桩划分 2 个检验批。

区段面积大，与监理商量，加大检验批量，这样流水作业会加快一点。

7.2.2 施工方案

(1) 施工测量的依据

① 平面布置图。

② 施工图。

③《城市测量规范》CJJ/T 8—2011。

④ 电力行业标准 DL/T 5210.1—2012。

⑤ 施工现场的定位控制点。

(2) 施工测量的准备工作

① 研究施工图纸和有关资料。

② 进行技术交底。

③ 业主提供坐标点。

(3) 施工测量的主要内容

① 复核坐标点。

② 依据坐标点放方格控制网。

③ 打方格网控制桩。

④ 依据控制网放出阵列控制线。

⑤ 水平标高的布置。

(4) GPS 测量仪施工方法

采用 GPS 技术布设控制网，可采用静态、快速静态、RTK 以及网络 RTK 等方法进行。静态测量作业方法和数据处理按现行标准 CJJ/T 73—2019《卫星定位城市测量技术标准》的规定执行。

常规 RTK 技术布设控制网应符合下列规定。

① 采用 RTK 观测时，建立 RTK 基准站网，RTK 测量基准站的作业半径应符合表 7-1 规定。

表 7-1 基准站作业半径

基准站等级	作业半径/km
城市二等及以上	4
城市 三、四等	3
地市一级	2

② XIAN-80 坐标系与地点坐标的转换参数关系的参点应在 3 个以上，所选参点应均匀分布，能控制整个测量区。转换后各点的线差分量应小于 50mm。

③ 基准站接收机三脚架如图 7-1 所示。架设后，无线应进行定向，开机前、关机后应分别提取接收机天线的高度，两次较差应小于 3mm。对基准站输入甲方提供的定位控制点，并将施工控制网各相关数据输入基准站。

④ 移动站跟踪杆应有辅助支架，气泡应稳定居中。作业前检查"无线"类型输入的正确性，并在一个已知点观测，对基准站进行校核，点位较差应小于 50mm，然后根据需要进行 X 及 Y 方向移动。确定点位后，做好标记。

⑤ 流动站电子簿记录。记录数据应是 GPS RTK 观测值的固定解，固定解应在稳定收敛至毫米级精度后方可进行观测，记录并储存。

⑥ 移动站 PTK 观测应进行独立观测两测回，每测回应观测定位 3 次，其坐标分量较差应小于 10mm，取平均值为定位值。第二回观测时应对仪器系统进行初始化，两测回观察定

图 7-1 基准站接收机三脚架

位坐标分量较差应小于 20mm，并取平均值作为最后定位观察值。移动站初始化应符合 PDOP 值＜6。

⑦ PTK 原始数据记录应包括基准站、校核站信息，观测站坐标值，观测时间，仪器高，观测精度等有关记录。

（5）控制网的布设

根据业主提供的坐标点，用 GPS 进行控制网的布设，之后进行测量放线。由于地质条件复杂，施工难度大，计划所有的桩点都用 GPS 仪器进行放线，可以有效地保证测量放线的质量和进度，从而有效地保证工期。

（6）对阵列图进行编号

对阵列图进行编号，以便对各个点施工质量进行控制。给每个区阵列进行编号。控制网图中，Y 方向采用英文字母编号，X 方向采用阿拉伯数字编号，则每个阵列任意一个点都能记录施工质量的好坏，如图 7-2 所示。

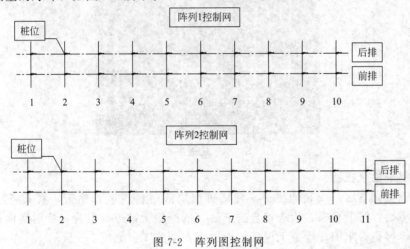

图 7-2　阵列图控制网

（7）标高点的设置

① 请业主单位提供基准标高，用 GPS 测量仪将基准标高引入到施工区域，用水平仪测出各桩位的自然面的标高，一是为了给设计提供标高依据，二是对阵列之间的标高差进行调整，如图 7-3 所示。

② 各标高差标在高程控制网中，将设计值、实际值、高差记录下来。

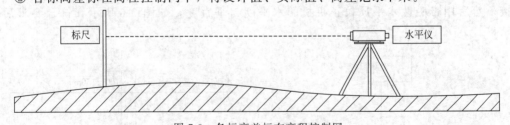

图 7-3　各标高差标在高程控制网

7.2.3　地锚桩施工

（1）地锚桩安装

地锚桩安装是工程施工的重点，施工过程中对每道工序都应认真操作。打桩机操作依据测量放线的桩位进行施工。履带式打桩机打桩前选择较为平整稳妥的地方就位，如地面坡度较陡，则用卷扬机对打桩机进行牵引。首先将钻机头左右、前后进行调整，初调后用水平尺或线锤吊垂直，确认无误后进行下一步施工，要求桩位移＜50mm，垂直度90°±3°，地锚实物如图7-4所示。

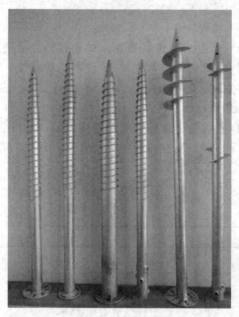

图7-4　地锚实物

（2）地锚桩检查报验

待钻机调整完毕后，安装地锚桩。地锚桩使用前对材料进行检查，看其各项尺寸、孔位、叶片材质是否符合要求。检查符合要求后，依据检验批进行报验，特别是检查地锚桩加强板与叶片焊接是否牢固，检查无误后才能进行安装施工。如图7-5所示。

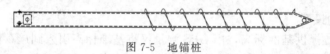

图7-5　地锚桩

（3）桩机的定位

各项工作准备完毕后，将地锚桩安装在桩机上，地锚桩与桩机用φ16的销轴进行连接，然后用带磁性水平尺校正桩机的水平度与垂直度，如图7-6所示，符合要求后进行钻桩。

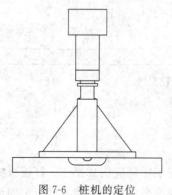

图7-6　桩机的定位

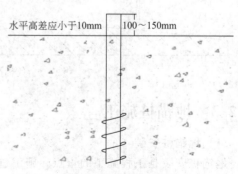

图7-7　桩的安装要求

（4）桩的安装要求

钻桩过程中，先开始对中，钻到 1/3 深度，观察锚桩是否有偏差；若有偏差，进行调整至 1/2 再观察。无误后，钻至设计所规定的深度，露出自然地面 100~150mm。如图 7-7 所示，单阵列锚端水平高差应小于 10mm。

（5）桩施工检查

单个阵列施工完毕后进行自检，填写自检表，锚桩进行隐蔽验收报验。

（6）岩石层桩施工方法

若碰到岩石，采取上述方式不可取，应采取打孔方式，打孔后采用灌注桩的方式进行，如图 7-8 所示。

（7）打孔后的清理

岩石或混合层打孔后，清除灰尘采用空压机吹尘，使孔内无尘屑，为灌注桩做好准备工作，如图 7-9 所示。

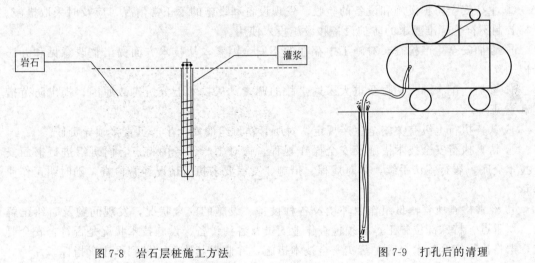

图 7-8　岩石层桩施工方法　　　　　图 7-9　打孔后的清理

7.2.4　安全生产管理及保证措施

（1）安全生产管理目标

安全生产管理目标是，避免或减少一般安全事故和轻伤事故。

（2）安全保证措施

① 项目经理对所管工程项目的安全生产负全面领导责任，并负责以下各项措施的落实。

② 贯彻落实安全生产方针、政策、法规和各项规章制度，结合项目工程特点及施工全过程的情况，制订本项目工程各项安全生产管理办法或提出要求，并监督其实施。

③ 与施工队签订劳务承包合同时，订立安全协议、治安消防协议，齐全后安排生产。

④ 组织落实施工组织设计中的安全技术措施，组织并监督项目工程施工中的安全技术交底制度和设备、设施验收制度的实施。

⑤ 领导、组织施工现场定期的安全生产检查，发现施工生产中的不安全问题，组织制订措施，及时解决。对上级提出的安全生产与管理方面的问题，要定时、定人、定措施予以解决。

⑥ 正确处理安全生产与其他工作的关系，经常组织安全检查，制止违章指挥、违章作

业，认真消除事故隐患。

⑦ 考核项目部人员的安全职责的落实，积极支持安全专职人员的工作。

⑧ 工伤事故、未遂事故要立即上报，保护现场和组织抢救，组织配合事故的调查，认真落实制订防范措施，吸取事故教训。项目安全领导小组成员对事故进行调查，提出事故处理报告，总结事故经验教训。

⑨ 贯彻、落实安全生产方针、政策，严格执行安全技术规程、规范、标准。结合项目工程特点，主持项目工程的安全技术交底。

⑩ 参加或组织编制施工组织设计。编制、审查施工方案时，要制订、审查安全技术措施，保证其可行性与针对性，并随时检查、监督、落实。

⑪ 项目工程应用新材料、新技术、新工艺，要及时上报，经批准后方可实施，同时要组织上岗人员的安全技术培训和教育。认真执行相应的安全技术措施与安全操作工艺、要求，预防施工中因化学物品引起的火灾、中毒或在新工艺实施中可能造成的事故。

⑫ 主持安全防护设施和设备的验收。发现设备和设施的不正常情况，应及时采取措施。严格控制不符合标准要求的防护设备和设施投入使用。

⑬ 参加安全生产检查，对施工中存在的不安全因素，从技术方面提出整改意见和办法予以消除。

⑭ 参加、配合因工伤亡及重大未遂事故的调查，从技术上分析事故原因，提出防范措施和意见。

⑮ 认真执行上级有关安全生产规定，对所管辖班组的安全生产负直接领导责任。

⑯ 认真执行安全技术措施及安全操作规程，针对生产任务的特点，向班组进行书面安全技术交底，履行签认手续，并对规程、措施、交底要求执行情况经常检查，随时纠正作业违章。

⑰ 经常检查所管辖班组作业环境及各种设备、设施的安全状况，发现问题及时纠正解决。对重点、特殊部位施工，必须检查作业人员及各种设备、设施技术状况是否符合安全要求，严格执行安全技术交底，落实安全技术措施，并监督其执行，做到不违章指挥。

⑱ 定期和不定期组织所管辖班组学习安全操作规程，开展安全教育活动，接受安全部门或人员的安全监督检查，及时解决他们提出的不安全问题。

⑲ 对施工现场的危险源进行识别排查。

⑳ 及时解决生产中的安全技术问题，确保安全生产。

㉑ 参与事故隐患原因分析、处理，坚持"四不放过"原则。

㉒ 项目安全标准全方位的专职监督、检查职责。

㉓ 负责对班组进行安全生产宣传、教育工作，指导工人搭设好安全防范措施。

㉔ 深入检查安全措施落实情况，发现不当之处，会同施工协调人员落实整改，并向有关部门汇报，有危险情况，有权发出停止作业指令，进而保证安全生产。

㉕ 安全管理记录齐全、清楚，内容准确，资料完整。组织对新进单位人员的三级安全教育。检查工人证件齐全。

㉖ 在施工中，要避免因构件不合格造成断裂、坍塌带来的安全事故。

㉗ 桩机在坡度较陡地区施工时，考虑卷扬机牵引，防止桩机倾覆。

㉘ 遇雷雨天气时，桩机操作手必须停止作业，防止雷击。

㉙ 施工队伍在进场后、作业前，由项目相关人员和安全员共同对其进行入场安全教育。

㉚ 坚持"预防为主，防消结合"的消防工作方针，广泛开展防火宣传，提高全体职工和施工人员的防火意识和责任感。

㉛ 易燃、易爆品分类专库储存，专人保管，保管和使用人员进行专业培训合格后方可上岗。

㉜ 库房离周围建筑物按规定留出足够的距离，设置明显的防火标志，配备足够、有效的消防设施和器材。

㉝ 消防设施、器材配置布局合理、齐全有效，专人管理，专款专用。经常检查消防器材的完好状况，及时更换、维修损坏和过期的消防设施。

㉞ 储存易燃易爆有毒有害物品的仓库，是重要防火部位，必须做到严禁吸烟，严禁明火。

㉟ 对易燃易爆有毒有害物品，必须设置专库专账，设专人管理，并严格出入库检查登记手续。

7.2.5　质量管理目标及保证措施

(1) 质量管理目标

严格控制现场施工质量，努力成为全优工程。

(2) 质量保证措施

① 交底。针对每道工序，结合工程实际情况，有目的、有针对性地做好技术交底，技术交底要真正贯彻到操作人员。对作业班组，可以以召开交底会的形式进行，切忌在交底的内容与执行方式上走形式主义。

② 样板制度。做样板的目的，一是为了检验设计是否合理；二是为了发现安装中易出现的质量问题；三是对于设计图中做法不明确的部位，通过做样板来选择最优施工方案，并做到统一做法。

③ 对每道工序，施工队进行自检记录，施工队必须100％检查，并填自检表（参照结构检查表形式）。自检必须填写检查数据，报验时上报项目部，项目部负责抽查，并核实自检数据是否真实。要求项目部必须有样板交底及样板验收记录。

④ 项目部日常质量巡查，检查合格后报监理验收。一次报验不过，对项目部进行罚款处理。

⑤ 对出现质量需进行返工的，查明原因及责任人，如因施工队原因造成的返工所造成的材料浪费，成本损耗应由施工队承担。重大质量事故上报公司监理部。

⑥ 用表7-2～表7-7所列方法和标准控制施工质量。

表7-2　定位放线质量标准和检验方法

编号：

类别	序号	检查项目	质量标准	检验方法及器具
主控项目	1	控制桩测设	桩数不应少于12个	观察检查和检查测试记录
	2	平面控制桩精度	符合现行有关标准的规定	经纬仪和钢尺检查
	3	高程控制桩精度		水准仪检查
	4	GPS定位精度	应符合现行有关标准规定	检查测量记录

表7-3　控制网测量允许误差

项目内容	平面位置/mm	高程/mm
场地平面方格网	50	±20

表7-4 平面施工网（参数）

等级	边长/m	测角中误差/(″)	边长相对中误差
一级	100～300	±5	1/40000
二级	100～300	±10	1/20000
三级	50～300	±20	1/10000

表7-5 导线网（参数）

等级	导线长度/km	平均边长/m	测角中误差/(″)	边长相对中误差	导线全长相对闭合差	方位角闭合差/(″)
一级	2.0	200	±5	1/40000	1/20000	±10
二级	1.0	100	±10	1/20000	1/10000	±20

表7-6 地锚桩工程质量标准和检验方法（一）

类别	序号	检查项目		质量标准	单位	检验方法及器具
主控项目	1	钢材名称和材质		应符合设计要求和现行有关规定		检查出厂文件或试验报告
	2	地锚桩镀锌处理		GB/T 13912—2002标准≥55	μm	观察检查和检查试验报告
	3	地锚桩叶片型号尺寸		应符合设计要求		用卡尺和钢尺检测
	4	外观质量		表面无焊痕、明显凹陷和损伤		观察检查
	5	焊条性能、牌号		应符合设计要求和现行有关标准规定		检查出厂证件和试验报告
	6	电弧焊	焊脚尺寸	焊缝＞3	mm	检查出厂证件和试验报告
			气孔夹渣	气孔小于3个,直径小于1.5		
一般项目	1	长度偏高		0～10	mm	钢尺检查
	2	螺栓安装绞孔距桩端偏差		≥70	mm	钢尺检查
	3	调节孔距桩端偏差		≥30	mm	钢尺检查

表7-7 地锚桩工程质量标准和检验方法（二）

序号	检查项目	质量标准	单位	检验方法及器具
1	锚桩露出地面	100～150	mm	用钢尺检查
2	位移	＞50	mm	用钢尺及拉线
3	倾斜度	＜±3	°	角度尺观察
4	钢管尺寸	≥φ76	mm	钢尺、游标卡尺
5	钢管壁厚	≥3	mm	游标卡尺或钢尺

7.2.6 进度管理目标及保证措施

(1) 进度管理目标

积极响应业主合同中的工期要求，保证按照合同规定的时间完成职责内全部工程。

（2）进度保证措施

① 以基础（地锚）施工、支架施工为关键线路，科学地组织工程施工，在技术、经济指标优化可行的基础上，按照赶前不赶后、由下至上的原则，分段流水，专业交叉，空间占满，时间连续，确保工期目标的实现。

② 合理调配各项资源，确保各项工作按计划要求顺利进行。

③ 保证资金投入，积极备好工程用料（及时送检）。

④ 合理选用施工机械设备及小型机具，并保持其完好，充分发挥其效率。

⑤ 调集充足的施工周转用料，保证关键路线施工。

⑥ 调派充足的、具有熟练操作技能的作业人员和具有丰富经验的管理人员，安排 1～2 班连续作业。

⑦ 做好各项施工准备工作，积极取得各有关主管部门、有关协作配合单位（材料等供货商、各专业分包单位等）的大力支持，确保场地整平、大型机械设备进出场、材料供应及现场施工能连续有序地进行，避免发生各种意外而延误工期。

⑧ 严格做好工序质量控制工作，力争一次成优；做好工程产品保护及各专业施工配合工作，尽可能地避免返工造成的工期损失。

⑨ 认真抓好施工安全、防火及交通安全工作，避免发生有关事故而延误工期。

⑩ 加强施工进度计划管理工作。以周、月计划确保关键节点目标及控制性总进度计划目标，实行工期节点考核制度，激励职工确保工期目标的实现。

7.3 土方施工

7.3.1 土方开挖

① 土方开挖前应首先了解开挖区域范围内的地下设施、管线和邻近的建（构）筑物的情况。开挖前书面通知监理，在征得监理、业主书面同意的条件下，方可进行挖土作业，并在开挖前注意对地下设施、可能受到影响的邻近建筑物加以保护。

② 土方开挖采用机械开挖与人工开挖相结合的方案，土方暂堆放在工地附近的空地上，以便回填时使用。土方工程开工前，要根据施工图纸及轴线桩测放开挖的上下口白灰线。挖土时由专职施工人员指挥，用水准仪随时控制基底标高，严禁超挖。机械挖土应挖坑底预留 10cm 高度的土方，采用人工修底，防止扰动基层，以免影响基底承载力。

③ 土方开挖前先放出灰线，明确开挖范围，确定放坡坡度。确定弃土区域、机具和车辆行走路线，保证运输车辆的正常进出，做好土方平衡。回填土在有条件的情况下就近堆放，尽量避免重复运输。

④ 土方开挖前，应做好地面排水和降低地下水位工作。地面排水在有条件的情况下在基坑四周设排水阴沟，并在建筑物四周角设 4 个排水井，这样可在施工±0m 以下工程时，防止雨水进入基坑，给基础施工造成不必要的麻烦，这样亦可保护基坑边坡。根据勘探报告，确定挖土深度处有无地下水，若有地下水则采取降水措施。

⑤ 土方开挖不要在雨天进行。干活工作面不宜过大，否则应逐段、逐片分期完成。开挖基坑时，应合理确定开挖顺序、路线及开挖深度。

⑥ 机械挖土采用端头挖土法，即挖土机从基坑的端头以倒退的方法进行开挖。在开挖

过程中，应随时检查槽壁和边坡的状态，根据土质变化情况，做好基坑的支撑准备，以防塌陷。

⑦ 机械施工挖不到的土方，应配合人工随时进行挖掘，并用手推车把土运到机械能挖到的地方，以便及时用机械挖走。

⑧ 挖土施工顺序应严格按照施工方案规定的施工顺序进行，注意宜先从低处开挖，分层、分段依次进行，开成一定坡度，以利排水。基坑底部的开挖宽度和坡度，除应考虑结构尺寸要求外，应根据施工需要增加工作面宽度，如排水设施、支撑结构等所需的宽度。

⑨ 土方工程开挖并将基坑修整找平到设计标高后，即会同业主、监理、勘探部门进行验槽，对开挖边坡基底土质进行确认，验收合格后，即进行垫层的施工。总之，加快土方开挖的施工进度，一方面有利于基坑及四周建筑物的安全，另一方面也有利于及早形成良好的施工环境。

7.3.2　土方回填

① 土方回填前，填方基底和基础隐蔽工程检查及中间验收应结束，并且要办好隐检手续。

② 回填土土质必须符合设计要求并经监理工程师确认。由试验室根据设计的干容重、压实系数共同试验，确定铺设厚度、夯实机械、压实遍数、含水量等参数。

③ 回填土的工艺流程：基坑（槽）底地坪上清理→检验土质→分层铺土、耙平→夯打密实→修整找平验收。

④ 填土前应将基坑（槽）底的垃圾等杂物清理干净。

⑤ 检验回填土的质量有无杂物、粒径是否符合规定，以及回填土的含水量是否在控制的范围内，如含水量偏高，可采用翻松、晾晒或均匀掺入干土等措施，反之，则可采用预先洒水润湿等措施。

⑥ 回填土应分层铺摊，每层铺土的厚度应根据土质、密实度要求和机具的性能确定。

7.3.3　降排水施工

在场内道路两侧开挖排水沟，用水泵排水，以降低施工场地的地下水位，以免影响施工，特别是在雨天后，要用大功率水泵及时排出场地积水。

7.3.4　钢筋工程

① 钢筋进场时必须有原材料质保书和试验报告，并按规定做力学性能复试，在符合相关规程、规范的要求后方可使用。

② 钢筋加工场配置成套加工设备，制作各项目需要的钢筋。钢筋加工场的工艺流程：钢筋的进场→加工和堆放→半成品暂存及运输。根据现场施工计划的先后次序安排钢筋加工。

③ 圆钢和直径小的螺纹钢采用绑扎接头搭接，其搭接长度要符合设计和规范要求。直径大于 16mm 的螺纹钢采用焊接，水平钢筋采用闪光对焊，竖向钢筋采用电渣压力焊。

④ 钢筋工程在具体操作过程中，成立一个配制班、两个绑扎班、一个焊接班并配备两名专门下料的技术人员，各班组在施工过程中由工长统一领导，分工合作，各司其职，完成上级下达的各项施工任务。

⑤ 钢筋配制

a.钢筋加工场设置在施工区域外,这样可缓解现场施工场地的压力。

b.钢筋进场后,按要求分规格码放整齐,并要设好防雨措施,防止钢筋出现锈蚀情况。钢筋复试合格后便可使用。

c.根据专业技术人员的下料单和工长的施工任务单,确定下料顺序和下料尺寸。

d.配制好的钢筋亦要分规格、型号、构件号码放整齐,并通知现场绑扎班验收,合格后拉至施工现场使用。

e.钢筋加工的质量要求:

(a) 钢筋形状、尺寸正确,平面上没有翘曲不平现象;

(b) 钢筋末端弯钩的净空直径不小于钢筋直径的 2.5 倍;

(c) 钢筋的弯曲点处不得有裂缝;

(d) 钢筋弯曲成型后的允许偏差,全长为±10mm,弯起钢筋起弯点位移为±20mm,弯起钢筋弯起高度为±5mm,箍筋边长为±5mm。

⑥ 钢筋绑扎

a.成型钢筋,必须符合配料单的规格、尺寸、形状、数量,并应有加工出厂合格证。铁丝可采用 20~22 号铁丝(火烧丝)或镀锌铁丝(铅丝),铁丝切断长度要满足使用要求。

b.熟悉图纸,按设计要求检查已加工好的钢筋规格、形状、数量是否正确。做好抄平放线工作,弹好水平标高线和柱、墙外皮尺寸线。根据弹好的外皮尺寸线,检查下层预留搭接钢筋的位置、数量、长度,如不符合要求时,应进行处理。绑扎前,先整理调直下层伸出的搭接筋,并将锈蚀、水泥砂浆等污垢清除干净。

c.模板安装完并办理预检,将模板内杂物清理干净。按要求搭好脚手架,根据设计图纸及工艺标准要求,向班组进行技术交底。

d.绑柱子钢筋

(a) 工艺流程 套柱箍筋→搭接绑扎竖向受力筋→画箍筋间距线→绑箍筋。

(b) 套柱箍筋 按图纸要求间距,计算好每根柱箍筋数量,先将箍筋套在下层搭接筋上,然后立柱子钢筋,在搭接长度内绑扣不少于 3 个,绑扣要向柱中心。如果柱子主筋采用光圆钢筋搭接时,角部弯钩应与模板成 45°,中间钢筋的弯钩应与模板成 90°。

(c) 搭接绑扎竖向受力筋 柱子主筋立起之后,绑扎接头的搭接长度应符合设计要求。

(d) 画箍筋间距线 在立好的柱子竖向钢筋上,按图纸要求用粉笔画箍筋间距线。

(e) 柱箍筋绑扎 按已画好的箍筋位置线,将已套好的箍筋往上移动,由上往下绑扎,宜采用缠扣绑扎。箍筋的弯钩叠合处应沿柱子竖筋交错布置,并绑扎牢固。

(f) 柱上下两端箍筋应加密,加密区长度及加密区内箍筋间距应符合设计图纸要求。如设计要求箍筋设拉筋时,拉筋应钩住箍筋。

(g) 柱筋保护层厚度应符合规范及设计要求,垫块应绑在柱竖筋外皮上,间距一般1000mm(或用塑料卡卡在外竖筋上)以保证主筋保护层厚度准确。当柱截面尺寸有变化时,柱应在板内弯折,弯后的尺寸要符合设计要求。

e.梁钢筋绑扎

(a) 工艺流程

模内绑扎:画主、次梁箍筋间距→放主、次梁箍筋→穿主梁底层纵筋及弯起筋→穿次梁底层纵筋并与箍筋固定→穿主梁上层纵向架立筋→按箍筋间距绑扎→穿次梁上层纵向钢筋→按箍筋间距绑扎。

模外绑扎:在主、次梁横板上口铺横杆数根→在横杆上面放箍筋→穿主梁下层纵筋→穿次梁下层钢筋→穿主梁上层钢筋→按箍筋间距绑扎→穿次梁上层纵筋→按箍筋间距绑扎→抽出横杆落骨架于横板内。

(b) 在侧梁模板上画出箍筋间距, 摆放箍筋。

(c) 先穿主梁的下部纵向受力钢筋及弯起钢筋, 将箍筋按已画好的间距逐个分开; 穿次梁的下部纵向受力钢筋及弯起钢筋, 并套好箍筋; 放主、次梁的架立筋; 隔一定间距将架立筋与箍筋绑扎牢固; 调整箍筋间距, 使间距符合设计要求, 绑架立筋, 再绑主筋, 主、次梁同时配合进行。

(d) 框架梁上部纵向钢筋应贯穿中间节点, 梁上部纵向钢筋伸入中间节点锚固长度及伸过中心线的长度要符合设计要求。框架梁纵向钢筋的端节点内的锚固长度也要符合设计要求。

(e) 绑梁上部纵向筋的箍筋, 宜用套扣法绑扎。

(f) 箍筋在叠放处的弯钩在梁中应交错绑扎, 箍筋弯钩为 135°, 平直部分长度为 10d, 如做成封闭箍时, 单面焊缝长度为 5d。

(g) 梁端第一个箍筋应设置在距离柱节点边缘 50mm 处, 梁端与柱交接处箍筋应加密, 其间距与加密区长度均要符合设计要求。

(h) 在主、次梁受力筋下均应垫垫块 (或塑料卡), 保证保护层的厚度。受力筋为双排时, 可用短钢筋垫在两层钢筋之间, 钢筋排距应符合设计要求。

(i) 梁筋的搭接　梁的受力钢筋直径等于或大于 22mm 时, 宜采用焊接接头, 小于22mm 时, 可采用绑扎接头, 搭接长度要符合规范的规定。搭接长度末端与钢筋弯折处的距离, 不得小于钢筋直径的 10 倍。接头不宜位于构件的最大弯矩处, 受拉区域内Ⅰ级钢筋绑扎接头的末端应做弯钩 (Ⅱ级钢筋可不做弯钩), 搭接处应在中心和两端扎牢。接头位置应相互错开, 当采用绑扎搭接接头时, 在规定搭接长度的任一区段内有接头的受力钢筋截面面积占受力钢筋总截面面积的百分比, 受拉区不大于 50%。

f. 板钢筋绑扎

(a) 工艺流程: 清理模板→模板上画线→绑板下受力筋→绑负弯矩钢筋。

(b) 清理模板上面的杂物, 用粉笔在模板上画好主筋、分布筋间距。

(c) 按画好的间距, 先摆放受力主筋, 后放分布筋。预埋件、电线管、预留孔等及时配合安装。

(d) 在现浇板中有板带梁时, 应先绑板带梁钢筋, 再摆放板钢筋。

(e) 绑扎板筋时一般用顺扣或八字扣, 除外围两根筋的相交点应全部绑扎外, 其余各点可交错绑扎。如板为双层钢筋, 两层筋之间须加钢筋马凳, 以确保上部钢筋的位置。负弯矩钢筋每个相交点均要绑扎。

(f) 在钢筋的下面垫砂浆垫块, 间距为 1.5m, 垫块的厚度等于保护层厚度, 应满足设计要求。如设计无要求时, 板的保护层厚度应为 15mm, 钢筋搭接长度与搭接位置的要求与前面所述梁筋搭接要求相同。

7.3.5　模板工程

① 某工程的模板均采用胶合板 (九合板) 模板, 100mm×50mm 木方背楞, 钢管扣件支撑, 配合采用对拉螺栓。所有模板均须按清水混凝土的质量要求施工。所用胶合板模板及木方背楞, 均须采用刨光机或手工刨刨光平直。模板的二次使用须整理。

② 模板表面均应涂刷隔离剂, 选用的隔离剂不影响结构外露表面的美观。模板表面必须平整清洁, 几何尺寸要求准确, 拼缝严密, 不得漏浆, 隔离剂选用水性的, 防止污染钢

筋，接缝采用海绵胶条。

③ 在施工作业指导书中进行模板设计，确保安装的模板具有足够的强度、刚度和稳定性，保证结构外形尺寸所规定的精度和结构在空间位置上的准确性。

④ 支撑脚手架支设在坚实平整的地基上，下端垫以垫木或型钢；对湿陷性或冻胀性土壤，采取必要的防水、防冻措施。

⑤ 模板及支撑拆除时的混凝土强度应符合设计要求。当设计无具体要求时，应符合《混凝土结构工程施工质量验收规范》(GB 50204—2015)中的规定。

⑥ 预留孔洞内模的拆除，应能保证混凝土表面不发生塌陷和裂缝。拆模时应避免振动和碰伤孔壁。

⑦ 拆除后的模板应及时清除黏结的混凝土浆，对变形和损坏的模板进行整形和修理，并进行保养。模板禁止不经清理、维修和保养而连续使用。

⑧ 楼层施工时采用满堂钢管脚手架支撑体系，间距为 600mm 左右，在立杆顶部安装可调节托座，横挡及剪刀撑设置合理、可靠，保证支撑体系具有可靠的刚度和稳定性。

⑨ 模板作业条件

a.模板设计　确定所建工程的施工区、段划分。根据工程结构的形式、特点及现场条件，合理确定模板工程施工的流水区段，以减少模板投入，增加周转次数，均衡工序工程(钢筋、模板、混凝土工序)的作业量。

确定结构模板平面施工总图。在总图中标出各种构件的型号、位置、数量、尺寸、标高及相同或略同拼补即相同的构件的替代关系并编号，以减少配板的种类、数量，明确模板的替代流向与位置。

确定模板配板平面布置及支撑布置，根据总图对梁、板、柱等尺寸及编号设计出配板图，应标出不同型号、尺寸单块模板平面布置，纵横龙骨规格、数量及排列尺寸；柱箍选用的形式及间距；支撑系统的竖向支撑、侧向支撑、横向拉接件的型号、间距。

b.绘图与预算　在进行模板配板布置及支撑系统布置的基础上，要严格对其强度、刚度及稳定性进行计算，合格后要绘制全套模板设计图，其中包括模板平面布置配板图、分块图、组装图、节点大样图、零件及非定型拼接件加工图。

⑩ 柱模板安装工艺

a.单块就位组拼工艺流程：搭设安装架子→第一层模板安装就位→检查对角线、垂直和位置→安装柱箍→第二、三等层柱模板及柱箍安装→安有梁口的柱模板→安全检查校正→群体固定。

b.先将柱子第一层四面模板就位组拼好，每面带一阴角模或连接角模，用 U 形卡反、正交替连接。

c.使模板四面按给定柱截面线就位，并使之垂直，对角线相等。

d.用定型柱套箍固定，楔板到位，销铁插牢。

e.对模板的轴线位移、垂直偏差、对角线、扭向等全面校正，并安装定型斜撑，或将一般拉杆和斜撑固定在预先埋在底板中的钢筋环上，每面设两个拉(支)杆，与地面成 45°。检查安装质量，最后进行群体的水平拉(支)杆及剪刀支杆的固定。

f.将柱根模板内清理干净，封闭清理口。

⑪ 梁模板安装工艺

a.梁模板单块就位安装工艺流程：弹出梁四线及水平线并复核→搭设梁模支架→安装梁底楞或梁卡具→安装梁底模板→梁底起拱→绑扎钢筋→安装侧梁模→安装另一侧梁模→安装上下锁口楞、斜撑楞及腰楞和对拉螺栓→复核梁模尺寸、位置→与相邻模板连固。

b. 在柱子混凝土上弹出梁的轴线及水平线（梁底标高引测用），并复核。

c. 安装梁模支架之前，首层为土壤地面时应平整夯实，无论首层是土壤地面或楼板地面，在专用支柱下脚要铺设通长脚手板，并且楼层间的上下支座应在一条直线上。支柱一般采用双排，间距以 60～120cm 木楞或梁卡具。支柱中间和下方架横杆或斜杆，立杆加可调底座。

d. 在支柱上调整预留梁底模板的厚度，符合设计要求后，拉线安装梁底模板并找直，底模上应拼上连接角模。

e. 在底模上绑扎钢筋，经验收合格后清除杂物，安装梁侧模板，将两侧模板与底板连接角模用 U 形卡连接。用梁卡具或安装上下锁口楞及加竖楞，附加斜撑，其间距一般宜为 75cm。当梁高超过 60cm 时，需加腰楞，并穿对拉螺栓（或穿墙螺栓）加固。侧梁模上口要拉线找直，用定型夹子固定。

f. 复核检查梁模尺寸，与相邻梁柱模板连接固定，有楼板模板时，在梁上连接阴角模，与模板拼接固定。

⑫ 楼板模板安装工艺

a. 楼板模板单块就位安装工艺流程：搭设支架→安装横纵钢（木）楞→调整楼板下皮标高及起拱→铺设模板块→检查模板上皮标高、平整度。

b. 支架搭设前楼地面及支柱托脚的处理同墙模的安装。支架的支柱可用早拆翼托支柱从边垮一侧开始，依次逐排安装，同时安装钢楞及横拉杆。基间距按模板设计的规定，一般情况下支柱间距为 80～120cm，钢楞间距为 60～120cm，需要装双层钢楞时，上层钢楞间距一般为 40～60cm。

c. 支架搭设完毕后，要认真检查板下钢楞与支柱连接及支架安装的牢固与稳定，根据给定的水平线，认真调节支模翼托的高度，将钢楞找平。

d. 平模铺设完毕后，用靠尺、塞尺和水平仪检查平整度与楼板底标高，并进行校正。

⑬ 模板拆除

a. 侧模拆除时，在混凝土强度能保证其表面及棱角不因拆除模板而受损后，方可拆除，特殊部位拆模要申请，经总工确认后方可拆除。

b. 拆除模板的顺序和方法应按照配板设计的规定进行。若无设计规定时，应遵循先支后拆，后支先拆；先拆不承重的模板，后拆承重部分的模板；先上而下；支架先拆侧向支撑，后拆竖向支撑等原则。

c. 支模与拆模统由一个作业班组执行作业。其好处是，支模时就考虑拆模的方便与安全，拆模时，人员熟知情况，易找拆模关键点位，对拆模进度、安全、模板及配件的保护都有利。

d. 分散拆除柱模时，应自上而下、分层拆除。拆除第一层时，用木锤或带橡皮垫的锤向外侧轻击模板上口，使之松动，脱离柱混凝土，依次拆下一层模板时，再轻击模边肋，切不可用撬棍从柱角撬离。拆掉的模板及配件用滑板滑到地面或用绳子绑扎吊下。

⑭ 工作面已安装完毕的墙、柱模板，不准在吊运其他模板时碰撞，不准在预拼装模板就位前作为临时依靠，以防止模板变形或产生垂直偏差。工作面已安装完毕的平面模板，不可做临时堆料或作业平台，以保证支架的稳定，防止平面模板标高和平整度产生偏差。

⑮ 拆除模板时，不得用大锤、撬棍硬砸猛撬，以免混凝土的外形和内部受到损伤。

⑯ 模板工程应注意的问题

a. 防止柱模板胀模、断面尺寸不准。防止的办法是，根据柱高和断面尺寸设计核算柱箍自身的截面尺寸和间距，以及对大断面柱使用穿柱螺栓和竖向钢楞，以保证柱模的强度、刚度足以抵挡混凝土的侧压力。

b.防止柱身扭向。防止的方法是，支模前先校正柱筋，使其首先不扭向。安装斜撑（或拉锚），吊线找垂直时，相邻两片柱模从上端每面吊两点，使线坠到地面，线坠所示两点柱位置线距离均相等，即使柱模不扭向。

c.防止轴线位移，一排柱不在同一直线上。防止的方法是，成排的柱子，支模前要在地面上弹出柱轴线及轴边通线，然后分别弹出每柱的另一方向轴线，要确定柱的另两条边线。支模时，先立两端柱模，校正垂直与位置无误后，柱模顶拉通线，再支中间各柱模板。

d.墙体厚薄不一，平整度差。防止的方法是模板设计应有足够的强度和刚度，龙骨的尺寸和间距、穿墙螺栓间距、墙体的支撑方法等在作业中要认真执行。

e.防止墙体烂根，模板接缝处跑浆。防止的方法是，模板根部浆找平塞严，模板间卡固措施牢靠。

f.钢框木竹胶合板模板在使用过程中应加强管理。支、拆模板及运输时，应轻搬轻放，对钢框、钢肋要定期涂刷防锈漆。对木竹胶合板的侧面、切割面、孔壁，应用封边漆封闭。

总之，模板施工必须符合《混凝土结构工程施工质量验收规范》（GB 50204—2015）。模板工程质量的好坏直接关系到混凝土的成型质量，施工过程中，要加强过程控制，其标高、轴线、几何尺寸等偏差必须控制在规范允许范围内。

模板及其支架必须：保证工程结构和构件各部位形状尺寸和相互位置正确；具有足够的承载能力、刚度和稳定性，能可靠地承受新浇筑混凝土的自重和侧压力，以及在施工过程中所产生的荷载；构造简单，装拆方便，并便于钢筋的绑扎、安装和混凝土的浇筑、养护等；模板的接缝不漏浆。

7.4 混凝土工程

(1) 混凝土供应

① 采用商品混凝土，混凝土由搅拌运输车辆运输，现场设混凝土泵车浇筑。

② 零星混凝土，则采用现场搅拌，由井架或人工运输浇筑。

(2) 混凝土浇筑前的作业准备

浇筑前应将模板内的垃圾、泥土等杂物及钢筋上的油污清除干净，并检查钢筋的水泥砂浆垫块是否垫好。使用木模板时，应浇水使模板湿润。柱子模板的扫除口，应在清除杂物及积水后再封闭。

(3) 混凝土浇筑与振捣的一般要求

① 混凝土浇筑高度如超过3m时，必须采取措施，用串桶或溜管等。

② 浇筑混凝土时应分段分层连续进行，浇筑层高度应根据结构特点、钢筋疏密决定，一般为振捣器作用部分长度的1.25倍，最大不超过50cm。

③ 使用插入式振捣器应快插慢拔，插点要均匀排列，逐点移动，顺序进行，不得遗漏，做到均匀振实。

④ 浇筑混凝土时应经常观察模板、钢筋、预留孔洞、预埋件和插筋等有无移动、变形或堵塞情况，发现问题应立即处理，并应在已浇筑的混凝土凝结前修整完好。

(4) 柱的混凝土浇筑

① 柱浇筑前底部应先填以5cm左右与混凝土配合比相同减石子砂浆。柱混凝土应分层振捣，使用插入式振捣器时每层厚度不大于50cm，振捣棒不得触动钢筋和预埋件。除上面振捣外，下面要有人随时敲打模板。

② 柱高在3m以内，可在柱顶直接下灰浇筑；超过3m时，应采取措施（用串桶）或在

模板侧面开门子洞，安装斜溜槽分段浇筑，每段高度不得超过2m，每段混凝土浇筑后将门子洞模板封闭严实，并用箍箍牢。

③ 柱子混凝土应一次浇筑完毕，如需留施工缝时应留在主梁下面。在与梁板整体浇筑时，应在柱浇筑完毕后停歇1～1.5h，使其获得初步沉实，再继续浇筑。

④ 浇筑完后，应随时将伸出的搭接钢筋整理到位。

(5) 混凝土养护

混凝土主要采用自然养护法，在混凝土浇筑完毕后，应在12h以内加以覆盖和浇水。浇水次数应能保持混凝土有足够的湿润状态，养护期一般不少于7昼夜。

(6) 施工缝处理

施工缝的留设应符合规范要求。在浇筑混凝土前，施工缝处应人工凿毛，并用水湿润，而后在施工缝处铺一层水泥砂浆或混凝土内成分相同的水泥砂浆。

(7) 混凝土浇筑的注意事项

① 混凝土强度的试块取样、制作、养护和试验要符合《混凝土强度检验评定标准》(GB/T 50107—2010)的规定。

② 混凝土应振捣密实，不得有蜂窝、孔洞、露筋、缝隙、夹渣等缺陷。

③ 浇筑混凝土时，要保证钢筋和垫块的位置正确，不得踩楼板、楼梯的弯起钢筋，不得碰动预埋件和插筋。

7.5　砌体工程

7.5.1　结构工程

(1) 工艺流程

墙体放线→制备砂浆→砌块排列→铺砂浆→砌块就位→砌块浇水校正→砌筑镶砖→竖缝灌砂浆→勾缝。

(2) 施工要点

① 墙体放线　砌体施工前，应将基础面或楼面楼层结构面按标高找平，依据砌筑图放出第一批砌块的轴线、砌体边线和洞口线。

② 砌块排列　砌块砌体在砌筑前，应根据施工图，结合砌块的品种、规格，绘制砌体砌块的排列图，经审核无误，按图排列砌块，砌块排列上、下皮应错缝搭砌，搭砌长度一般为砌块的1/2，不得小于砌块高的1/3。

③ 砌块就位与校正　砌块砌筑前一天应进行浇水湿润，冲去浮尘，清除砌块表面的杂物后方可吊运就位。砌筑就位应先远后近、先下后上、先外后内；每层开始时，应从转角处或定位砌块处开始；应吊砌一皮、校正一皮，皮皮拉线控制砌体标高和墙面平整度。

(3) 质量标准

① 保证项目　使用的砌块和原材料，其技术性能、强度、品种必须符合设计要求，并有出厂合格证，规定试验项目必须符合标准。砂浆的品种、强度等级必须达到设计要求，按规定制作试块，试压强度等级不得低于设计强度。

② 基本项目　砌体错缝应符合规定，不得出现竖向通缝，压缝尺寸应达到标准的要求。转角处、交接处必须同时砌筑，必须留槎时应留斜槎，灰缝均匀一致。砌筑砂浆应密实，砌块应平顺，不得出现破槎、松动。拉结钢筋、钢筋网片规格、根数、间距、位置、长度应符合设计要求。

7.5.2　抹灰工程

(1) 施工准备

结构工程全部完成，并经有关部门验收，达到合格标准。墙体整修完毕，完成门窗框、水电管线、配电箱柜、有关埋件等安装埋设工作。抹灰前，对墙体上被剔凿的管线槽、洞进行整修完善。检查门窗框位置是否正确，安装连接是否牢固，门窗框与墙体之间的缝隙应嵌塞严实。按抹灰墙面的高度，支搭好抹灰用脚手架和高凳。操作平台应离开墙面及门窗口200～250mm，以利操作，架子要稳定、牢固、可靠。加气混凝土墙基体表面的灰尘、污垢和油渍等，应清理干净，并洒水湿润。加气混凝土表面缺棱掉角，需分层修补。做法是：先洇湿基体表面，刷掺水重10%的108胶水泥浆一道，紧跟着抹1：1：6混合砂浆，每遍厚度应控制在7～9mm。

(2) 工艺流程

基层处理→洒水湿润→贴灰饼、冲标筋→抹门窗口水泥砂浆护角→抹底子灰→修抹墙面上的箱、槽、孔洞→抹罩面灰。

(3) 施工要点

① 贴灰饼、冲标筋　用托线板检测一遍墙面不同部位垂直、平整情况，以墙的实际高度决定灰饼和冲筋的数量。一般水平及高度距离以1.8m为宜。抹门窗口水泥砂浆护角：门窗口的阳角和门窗套阳角，均应抹水泥砂浆护角，其高度不得小于2m，护角每侧包边的宽度不小于50mm，阳角、门窗套上下要方正。

② 外墙抹水泥砂浆　大面积施工前应先做样板，经鉴定合格并确定施工方法后，再组织施工。施工时使用的外架应提前准备好，横竖杆要离开墙面及墙角200～250mm，以利操作。为减少抹灰接槎，保证抹灰表面的平整，外架子应铺设三步板，以满足施工要求。为保证外墙抹水泥的颜色一致，严禁采用单排外架子，严禁在墙面上预留临时孔洞。

③ 抹灰前应检查基体表面的平整，以决定其抹灰厚度。抹灰前，应在大角的两面弹出抹灰层的控制线，以作为打底的依据。

④ 工艺流程　门窗框四周堵缝→墙面清理→浇水湿润墙面→吊垂直、套方、抹灰饼、充筋→弹灰层控制线→基层处理→抹底层砂浆→弹线分格→粘分格条→抹罩面灰→起条、勾缝→养护。

⑤ 用笤帚将板面上的粉尘扫净，浇水，将板洇透，使水浸入加气板达10mm为宜。对缺棱掉角的板，或板的接缝处高差较大时，可用1：1：6水泥混合砂浆掺20%的108胶水拌和均匀，分层衬平，每遍厚度5～7mm，待灰层凝固后，用水湿润，把上述同配合比的细砂浆（砂子应用纱绷筛过筛），用机械喷或用笤帚甩在加气混凝土表面，第二天浇水养护，直到砂浆疙瘩凝固，用手掰不动为止。

⑥ 吊垂直、吊方找规矩　分别在门窗口角、垛、墙面等外吊垂直，套方抹灰饼，并按灰饼充筋后，在墙面上弹出抹灰层控制线。

⑦ 抹底层砂浆　先刷掺水重10%的108胶水泥浆一道（水泥比0.4～0.5），随刷随抹水泥混合砂浆，配合比1：1：6，分遍抹平，大杠刮平，木抹子搓毛，终凝后开始养护。若砂浆中掺入粉煤灰，则上述配合比可以改为1：0.5：0.5：6，即水泥：石子：粉煤灰：砂。

⑧ 弹线、分格、粘分格条、滴水槽、抹面层砂浆　首先应按图纸上的要求弹线分格，粘分格条，注意粘竖条时应粘在所弹立线的同一侧，防止左右乱粘。条粘好后，当底灰五六成干时，即可抹面层砂浆。先刷掺水重10%的108胶水泥素浆一道，紧跟着抹面。面层砂浆的配合比为1：1：5的水泥混合砂浆或为1：0.5：0.5：5的水泥、粉煤灰混合砂浆，一

般厚度为 5mm 左右，分两次与分格条抹平，再用杠横竖刮平，木抹子搓毛，铁抹子压实、压光，待表面无明水后，用刷子蘸水按垂直于地面方向轻刷一遍，使其面层颜色一致。做完成层后应喷水养护。

⑨ 滴水线（槽）　在檐口、窗台、窗楣、压顶和突出墙面等部位，上面应做出流水坡度，下面应做滴水线（槽）。流水坡度及滴水线（槽）距外表面不应小于 40mm，滴水线（又称鹰嘴）应保证其坡向正确。

⑩ 雨期抹灰工程应采取防雨措施，防止抹灰层终凝前受雨淋而损坏。

(4) 质量标准

① 保证项目　材料的品种、性能、质量必须符合要求和有关标准的规定，抹灰等级、做法符合图纸规定。

各抹灰层之间及抹灰层与基体之间必须黏结牢固，无脱层、空鼓、裂缝。面层无爆灰、裂纹等缺陷。

② 基本项目　表面光滑、洁净，接槎平整，线角顺直、清晰，毛面纹路均匀一致。

护角及门窗框与墙体之间缝隙、护角符合施工规范的规定。表面光滑、平顺。门窗框与墙体之间的缝隙充填密实，表面平整。

孔洞、槽、盒、管道后面抹灰，尺寸正确、方正、整齐、光滑。管道后面平整、洁净。

分格条（缝）宽度、深度均匀一致，条（缝）平整、光滑、棱角整齐，横平竖直，通顺。

③ 允许偏差项目　立面垂直，3mm，用 2m 托线板检查；表面平整，2mm，用 2m 靠尺和楔形塞尺检查；阴阳角垂直，2mm，用 2m 托线板检查；阴阳角方正，2mm，用 2m 方尺和楔形塞尺检查。

7.5.3　涂料工程

① 墙面必须干燥，基层含水率不得大于 8%。墙面的设备管洞应提前处理完毕，为确保墙面干燥，各种穿墙孔洞都应提前抹灰补齐。门窗要提前安装好玻璃。

② 大面积施工前应事先做好样板间，经有关质量部门检查鉴定合格后，方可组织班组进行大面积施工。

③ 施工环境应通风良好，湿作业已完成并具备一定的强度，环境比较干燥。

④ 室内涂料施工，室温应保持均衡，一般室内温度不宜低于 10℃，相对湿度为 60%，不得突然变化。同时应设专人负责测试和开关门窗，以利通风排除湿气。

⑤ 工艺流程　基层处理→修补腻子→第一遍满刮腻子→第二遍满刮腻子→弹分色线→刷第一道涂料→刷第二道涂料→刷第三道涂料→刷第四道涂料。

⑥ 基层处理　应将墙面上的灰渣等杂物清理干净，用笤帚将墙面浮土等扫净。

⑦ 修补腻子　用石膏腻子将墙面、门窗口角等磕碰破损处、麻面、风裂、接槎缝隙等分别找补好，干燥后用砂纸将凸出处磨平。

⑧ 第一遍满刮腻子　待满刮一遍腻子干燥后，用砂纸将墙面的腻子残渣、斑迹等磨平、磨光，然后将墙面清扫干净。腻子配合比为聚醋酸乙烯乳液（即白乳胶）：滑石粉或大白粉：2% 羧甲基纤维素溶液＝1：5：35（质量比）。以上适用于室内的腻子。外墙侧采用室外工程的乳胶腻子，这种腻子耐水性能较好，其配合比为白乳胶：水泥：水＝1：5：1（质量比）。

⑨ 第二遍满刮腻子（施涂高级涂料）　腻子配合比和操作方法与第一遍满刮腻子相同。待腻子干燥后个别地方再补腻子，个别大的孔洞可复补石膏腻子，彻底干燥后，用 1 号砂纸打磨平整，清扫干净。

⑩ 施涂第三道溶剂型薄涂料　用调和漆施涂,如墙面为中级涂料,此道工序可作罩面涂料,即最后一涂料,其施涂顺序同上。由于调和漆黏度较大,施涂时应多刷多理,以达到漆膜饱满、厚薄均匀一致、不流不坠。

7.5.4　门窗工程

(1) 门窗的制作

门窗的制作按照规定的生产操作程序进行,一般为:选材→配料→截料→加工→成型→堆放→拼装。成批生产时,先制作一樘实样,用于门窗的材料、材质、质量、规格必须符合设计和规范要求。配料、截料要精打细算,配套下料,并有合理的加工余量。

(2) 门窗的运输及保存

门窗运输时仔细绑扎,避免损坏变形,防止跌落、重压、受潮。门窗成品保存在干燥的室内,避免和腐蚀性的物质堆放在一起。铝合金门窗运输时采取保护措施,防止损伤氧化膜。

(3) 门窗的安装

① 门窗的预埋件规格及数量、位置,按照图纸设计要求和规范要求准确地埋入墙体中。

② 门窗安装前,按照图纸要求核对门窗的型号、规格、数量及所带的五金零件是否齐全,并按规范要求做三性试验,合格后方可大面积安装。

③ 安装前对门窗检查,凡有翘曲、变形者进行调直、校正,修复后进行安装。

④ 门窗安装时,先用木楔临时塞住四角,用水平尺和线坠来校准水平度和垂直度。

⑤ 门窗安装调整好后,用1:2水泥砂浆填嵌密实缝隙并进行养护,防止碰撞。

⑥ 窗玻璃按照设计和规范要求选用、安装、固定。

7.5.5　室外道路修筑

① 室外道路修筑前,应首先了解区域范围内的地下设施和管线的情况,在征得监理、业主书面同意的条件下,方可进行平土作业,并在作业前和作业中注意对地下设施以及可能受到影响的邻近建筑物加以保护。道路平整前,先放出灰线,明确平整范围,确定放坡坡度,确定弃土区域、机具和车辆行走路线,保证运输车辆的正常进出,做好土方平衡,尽量避免重复运输。多余土方暂堆放在工地附近的空地上,以便局部回填时使用。场地平整以挖土机为主,人工修整为辅助,先用水准仪找好水平标高,用竹签标出水平点,并注意标出泛水走向,用挖土机进行初平。初平后,加密竹签水平点,再人工及时进行修整精确找平。

② 场地平整好后,按照立模、钢筋绑扎、校核水平标志点、混凝土浇筑的顺序施工,间隔4m留设施工缝。

③ 道路混凝土终凝结束后,应该立即进行保水养护。养护不得少于7天。

7.6　安装工程施工

太阳能光伏工程施工分四个阶段。

(1) 施工前期阶段

组织项目部进场,进行设计图纸的深化设计工作,熟悉有关施工图纸及相应的施工规范,密切配合土建及其他专业的施工进度,力求做到太阳能光伏工程各项施工工作随土建主体进度施工紧密跟进,不能影响土建的施工进度。其间做好有关工地临时设施规划、搭设工作，做好材料、设备的报审、采购计划和准备工作。

(2) 施工安装阶段

随着桩基工程分区结束，各区施工逐步铺开，进入太阳能光伏安装期。在这个阶段，技术工人、机具、材料陆续进场，各方面的措施都能满足施工需要，如技术方面的图纸、规范、交底，现场方面的环境、交叉作业等。尽量安排流水作业，以尽量充分利用劳动力资源。

(3) 系统调试阶段

随着工程的进展，太阳能组件、设备、电线、电缆、逆变器等安装完毕，通电、试电；空载试运转，这一阶段要做好相应的系统方案，指导相应的系统调试工作。同时，对于调试方面出现的细节问题要重视，及时给予解决，为一次验收达标创造条件。

(4) 系统竣工验收阶段

这一阶段，经过自检合格后，报业主验收，同时，把工程资料整理好，做好工程结算方面的资料工作。

7.6.1　安装工程的准备工作

施工人员开展施工前，应先熟悉工程的设计方案，针对各分项分部工程，结合设计方案，准备好质量技术交底。图纸一到现场，应立即熟悉图纸，了解现场；对图纸理解模糊的地方，应立即归纳并同设计人员沟通；然后计算图纸的工程量，列出分期材料计划表；准备材料，根据工程量安排施工劳动力，安装施工进度计划。大范围展开施工前，应先做样板并通知业主、监理检查认可。

7.6.2　太阳能方阵支架的安装

(1) 支架底梁安装

① 钢支柱的安装　钢支柱应竖直安装，与基础良好地结合。连接槽钢底框时，槽钢底框的对角线误差不大于±10mm，检验底梁（分前后横梁）和固定块。如发现前后横梁因运输造成变形，应先将前后横梁校直。具体方法如下。

先根据图纸分清钢支柱前后，把钢支柱底脚上螺孔对准预埋件，并拧上螺母，但先不要拧紧（拧螺母前应给预埋件螺钉涂上黄油）。再根据图纸安装支柱间的连接杆，注意连接杆应将表面放在光伏站的外侧，并把螺钉拧至六分紧。

② 根据图纸区分前后横梁，以免将其混装。

③ 将前、后固定块分别安装在前后横梁上，注意勿将螺栓紧固。

④ 安装支架前后底梁。将前、后横梁放置于钢支柱上，连接底横梁，并用水平仪将底横梁调平调直，并将底梁与钢支柱固定。

⑤ 调平好前后梁后，再把所有螺钉紧固。紧固螺钉时应先把所有螺钉拧至八分紧后，再次对前后梁进行校正。合格后再逐个紧固。

⑥ 整个钢支柱安装后，应对钢支柱底与混凝土接触面进行水泥浆填灌，使其紧密结合。

(2) 电池板杆件安装

① 检查电池板杆件的完好性。

② 根据图纸安装电池板杆件。为了保证支架的可调余量，不得将连接螺栓紧固。

(3) 电池板安装面的粗调

① 调整首末两根电池板固定杆的位置并将其紧固。

② 将放线绳系于首末两根电池板固定杆的上下两端，并将其绷紧。

③ 以放线绳为基准，分别调整其余电池板固定杆，使其在一个平面内。

④ 预紧固所有螺栓。

7.6.3　太阳能电池组件的安装

(1) 电池板的进场检验

① 太阳能电池板应无变形，玻璃无损坏、划伤及裂纹。

② 测量太阳能电池板在阳光下的开路电压，电池板输出端与标识正负应吻合。电池板正面玻璃无裂纹和损伤，背面无划伤、毛刺等。安装之前，在阳光下测量单块电池板的开路电压，应符合国家检验标准。

(2) 太阳能电池板安装

① 电池板在运输和保管过程中，应轻搬轻放，不得有强烈的冲击和振动，不得横置重压。

② 电池板的安装应自下而上，逐块安装，螺杆的安装方向为自内向外，并紧固电池板螺栓。安装过程中必须轻拿轻放，以免破坏表面的保护玻璃。电池板的连接螺栓应有弹簧垫圈和平垫圈，做防松处理。电池板安装必须做到横平竖直，同方阵内的电池板间距保持一致。注意电池板接线盒的方向。

(3) 电池板调平

① 将两根放线绳分别系于电池板方阵的上下两端，并将其绷紧。

② 以放线绳为基准分别调整其余电池板，使其在一个平面内。

③ 紧固所有螺栓。

(4) 电池板接线

① 根据电站设计图纸确定电池板的接线方式。

② 电池板连线均应符合设计图纸的要求。

③ 接线采用多股铜芯线，接线前应先将线头搪锡处理。

④ 接线时应注意勿将正负极接反，保证接线正确。每串电池板连接完毕后，应检查电池板串开路电压是否正确。连接无误后，断开一块电池板的接线，保证后续工序的安全操作。

将电池板串与控制器的连接电缆连接，电缆的金属铠装应接地。

7.6.4　电线管安装和导线敷设

① 电线管安装和导线的敷设应按设计图纸及规范要求进行。当需修改设计时，应经业主和设计人员同意，有文字记录才能施工。

② 各系统施工前，应具备业主和监理公司认可的设备布置平面图、接线图、安装图、系统图以及其他必要的文件，并将施工的材料实体和合格证送交甲方审核，审核通过后，方可使用该类材料进行施工。

③ 金属管路较多或有弯时，宜适当加装接线盒，两个接线盒之间的距离应符合规范要求。

④ 各系统的布线符合国家现行最新的有关施工和验收规范的规定。

⑤ 各系统布线时，根据国家现行标准的规定，对导线的种类、电压等级等进行检验。

⑥ 管内或线槽穿线应在建筑抹灰及地面工程结束后进行。穿线前，管内或线槽内的积水及杂物应清除干净。

⑦ 不同电压等级、不同电流类别的线路不应穿在同一管道或线槽内。导线在管内或线槽内不应有接头和扭结，导线的连接应在线盒内。导线连接应符合下列要求：

a.导线在箱、盒内的连接宜采用压接法，可使用接线端子及铜（铝）套管、线夹等连接，铜芯导线也可采用缠绕后搪锡的方法连接；

　　b.导线与电气器具端子间的连接，截面 2.5mm² 及以下可直接连接，但多股铜芯导线的线芯应先拧紧搪锡后再连接；

　　c.使用压接法连接导线时，接线端子铜套管压模的规格应与线芯截面相符合。

　　⑧ 动力、照明各回路的导线要严格按照规范的规定做颜色标记，各相线的颜色一定要统一：A/R 相—红色，B/Y 相—黄色，C/G 相—绿色，零线—黑色或其他颜色，地线（PE 线）—"黄、绿"双色。其余导线应该根据不同用途采用其他颜色区分，整个系统中相同用途的导线颜色应一致。

　　⑨ 各系统导线敷设后，应对每一回路的导线用 500V 兆欧表测量其绝缘电阻。其对地绝缘电阻值，一般线路应不小于 0.5MΩ。颜色标志可用规定的颜色或用绝缘导体的绝缘颜色标记在导体的全部长度上，也可标记在所选择的易识别的位置上（如端部或可接触到的部位）。

　　⑩ 线管敷设要连接紧密，管口光滑；护口齐全；明配管及其支架平直牢靠，排列整齐，管子弯曲处无明显折皱，油漆防腐完整；暗配管保护层大于 30mm，线管敷设通过伸缩缝处应采用金属软管加线盒过渡。

　　⑪ 盒（箱）设置正确，固定可靠，管子进入盒（箱）处顺直，用铜梳固定的管口，线路进入电气设备和器具的管口位置正确。

　　⑫ 按照规范要求，在天花板内和其他地方明敷设的线管不准焊接接地跨接线，必须采用专用的接地管卡和 2.5mm² 的多股铜芯软线（线头用开口镀锌铜线耳压接）进行跨接。金属软管必须用多股铜芯软线同接线盒跨接进行保护接地。

　　⑬ 在盒（箱）内的导线长度有适当的余量（15～30mm）；导线连接牢固，包扎严密，绝缘良好，不伤线芯；盒（箱）内清洁无杂物，导线整齐，护线套、标志齐全，不脱落。

　　⑭ 线管敷设前应清洁线管，完工后验收前应再清洁线管。

7.6.5　电缆桥架/线槽安装和电缆敷设

　　① 首先根据现场具体条件画好平面布置及走向图，测量好标高尺寸，计算好弯头及配件，再会同厂家商量订货。

　　② 桥架/线槽支架先在现场拉线量好尺寸，再下料加工和安装。支吊架的型式和材质要根据其承重情况来选取，支吊架的间距根据线槽/桥架所承负重和厂家提供的负重与挠度曲线图进行选取。

　　③ 当直线段超过 30m 时，应有伸缩缝，其连接宜采用伸缩连接板。跨越建筑物伸缩缝处，应设置伸缩缝。

　　④ 金属电缆管管口应无毛刺和尖锐棱角，管口宜做成喇叭形。电缆管进入室内，应用易弯件使管口向上伸出地面 150mm，并有混凝土裙脚保护台。电缆敷设前，必须按照电缆的走向把所有电缆在桥架上的敷设顺序排列好，以免放电缆时造成电缆在桥架上交叉或重叠。

　　⑤ 电缆桥架内的各相线路的绝缘颜色应符合"电线管安装和导线敷设"的要求。电缆敷设前应进行下列检查：支架应齐全，油漆完整；电缆型号、电压、规格应符合设计要求；电缆绝缘良好，并送交业主、监理检查质量。

　　⑥ 电缆敷设时，电缆应从盘的上端引出，应避免电缆在支架及地面摩擦拖拉。电缆上不得有未消除的机械损伤。电缆敷设时应排列整齐，不宜交叉，并加以固定。

　　⑦ 敷设好的电缆应按规范要求在起点、终点、转弯处装置好注明线路编号、起点、终点的塑料标志牌。

　　⑧ 电缆进入电缆沟、竖井、箱以及穿入管子时，出入口应封闭，管口应密封。

⑨ 电力电缆在终端头与接头附近宜留有备用长度。电缆终端头或接头的制作，应安排熟悉工艺的老师傅进行。在制作电缆终端头或电缆接头时应做好以下的检查工作：相位正确，所用绝缘材料应符合要求，电缆终端头与电缆接头的配件应齐全。电缆头的包扎塑料扁带应采用黑色扁带。各相的压接线耳的包扎扁带的颜色应符合"电线管安装和导线敷设"的要求。

⑩ 电缆头的铜接线端子压接好后必须进行涂锡处理。

⑪ 控制电缆终端头可采用一般包扎，电缆接头应有防潮措施。

⑫ 电缆固定应采用电缆扎带和电缆卡码。电缆头应安装在箱（柜）内，采用电缆卡码固定。铠装电缆和交联电缆的金属保护层应可靠接地。

电缆敷设的最小弯曲半径应符合表 7-8 所列要求。

表 7-8 电缆敷设的最小弯曲半径要求

电 缆 类 型		多 芯	单 芯
控 制 电 缆		$10D$	
橡胶绝缘电力电缆	无铅包、钢铠护套	$10D$	
	裸铅包护套	$15D$	
	钢铠护套	$20D$	
聚氯乙烯绝缘电力电缆		$10D$	
交联聚氯乙烯绝缘电力电缆		$15D$	$20D$

注：D 为电缆直径。

⑬ 室外直埋电缆敷设时，要及时做好电缆路径走向标记，一方面在现场做标记，另一方面要在布置图（竣工图）上标清楚电缆路径及其相对位置。

⑭ 进出建筑物的电缆，均在建筑物外适当位置设置电缆井，方便维护和将来扩展。电缆井可以与地面齐平，为了美观，亦可以埋于草皮下，但需在平面图上标示清楚其具体位置。

7.6.6 逆变器、接线箱安装

① 逆变器等设备到现场后做以下检查：制造厂的技术文件应齐全，型号、规格应符合设计要求，附件备件齐全，元件无损坏。

② 逆变器、接线箱单独或成列安装时，其垂直度、水平度以及箱、柜面不平度和柜间接缝的允许偏差应符合表 7-9 的规定。

表 7-9 设备安装间接缝的允许偏差

序号	项 目		允许偏差/mm
1	垂直度（每米）		<1.5
2	水平度	相邻两柜顶部	<2
		成列柜顶部	<5
3	不平度	相邻两柜边	<1
		成列柜面	<5
4	柜间接缝隙		<2

③ 接线箱上应标明用电回路名称，并在箱门内设有系统图和文件夹，以便维护人员进行检修记录。

④ 线路（电缆等）进出箱（柜）可在揭盖处开圆孔，采用专用电缆护套头。

7.6.7   施工的协调与配合

在施工过程中的协调和配合问题一直都是重点和难点。在开孔之前，一定要与其他专业事先进行协调，防止开孔导致切断其他专业的预埋管线，同时要保护好其他工种已完成的工程。

7.7   水电安装工程

7.7.1   室内给水工程

(1) 施工工艺流程 (图 7-10)

(2) 施工准备阶段

在项目技术主管主持下，专业技术干部认真阅读施工设计图纸，领会设计意图，参加建设单位组织的技术交底，编制实施性施工组织设计报工程师审批，并提出详细的材料设备供应计划。

(3) 配合土建预留、预埋

在配合土建预埋作业中，要进一步核对位置和尺寸，确认无误后，经土建、安装双方施工人员认可后，再进入下一道工序。在土建浇筑混凝土过程中，安排专人监护，以防预埋件移位或损坏。

(4) 管道安装原则

应结合具体条件，合理安排施工工艺流程顺序。一般先地下、后地上；先大管、后小管；先主管、后支管。当管道交叉发生矛盾时，应按下列原则避让：①小管让大管；②有压管让无压管，高压管让低压管；③支管道让主管道。

7.7.2   室内排水工程

(1) 施工工艺流程 (图 7-11)

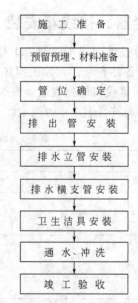

图 7-10   室内给水工程施工工艺流程　　　图 7-11   室内排水工程施工工艺流程

(2) 一般施工方法

① 排水管道的横管与横管、横管与立管的连接，应采用45°三通或45°四通和90°斜四通。

② 立管与排出管道的连接，宜采用两个 45°弯头或弯曲半径不小于 4 倍管径的 90°弯头。

③ 地面上的管道安装，按管道系统和卫生设备的设计位置，结合设备排水口尺寸与排水管管口的施工要求，在墙面和楼地面上画出管道中心线，并确定排水管道预留管口位置，做出标记。

④ 支撑件和固定支架的形式应符合设计和规范的要求，吊钩或卡箍应固定在承重结构上。一般来说，塑料管支撑件的间距：立管外径为 50mm 的不应大于 1.5m，外径为 75mm 的不应大于 2m，横管支撑件的间距符合设计或规范的要求。

⑤ 塑料立管承口外侧与饰面的距离应控制在 20～50mm。塑料管伸缩节必须按设计要求的位置和数量直行安装，横干管应根据设计伸缩量确定。横支管上合流配件至立管超过 2m 应设伸缩节，但伸缩节之间的最大距离不得超过 4m。管端插入伸缩节处预留的间隙应为：夏季 5～10mm，冬季 15～20mm。

(3) 主要施工工艺

① 锯管及坡口　锯管长度应根据实测并结合连接件的尺寸逐一决定，锯管工具宜选用细齿锯、割刀和割管机等机具，断口平整并垂直于轴线，断面处不得有任何变形。插口处可用中号锉刀锉成 15°～30°坡口，坡口厚度宜为管壁厚度的 1/3～1/2。长度一般不小于 3mm，坡口完成后，应将残屑清除干净。

② 黏合面清理　管材或管件在黏合前应用棉纱或干布将承口内侧和插件外侧擦拭干净，使被黏合面保持清洁，无尘沙与水迹。当表面粘有油污时，须用棉纱蘸丙酮等清洁剂擦净。

③ 管端插入承口深度　配管时，应将管材与管件承口试插一次，在其表面画出标记。管端插入的深度不得小于规范的规定。

④ 胶黏剂涂刷　用毛刷蘸胶涂刷被黏结插口外侧及黏结承口内侧时，应轴向涂刷，动作迅速，涂抹均匀，且涂刷的胶黏剂应适量，不得漏涂或抹过厚，且先涂承口，后涂插口。

⑤ 承插口连接　承插口清洁后涂胶黏剂，立即找正方向，将管子插入承口，使其准直，再加以挤压。应使管端插入深度符合所画标记，并保证承插接口的位置正确。还应静置 2～3min，防止接口脱落。预制管段节点间误差应不大于 5mm。

⑥ 承插接口养护　承插接口插接完毕后，应将挤出的胶黏剂用棉纱或干布蘸清洁剂擦拭干净，根据胶黏剂的性能和气候条件静置至接口处固化为止。冬季施工，固化时间应适当延长。

⑦ 闭水实验　管道系统安装完毕后，应对管道的外观质量和安装尺寸进行长度核查，无误后再做通水试验。试验时，先把卫生器具的排水出口堵塞，然后把水管灌满，仔细检查各接口是否有渗漏现象。暗装或埋地的排水管道，在掩埋前必须做灌水试验，其灌水高度不低于底层地面高度。雨水管灌水试验必须在每根立管上部的雨水斗处进行。满水试验 15min 后，再灌满持续 5min，液面不下降为合格。系统通水试验时应邀请监理工程师参加，共同进行检查验收，并签署办理"管道系统试验记录"手续。埋地管道还应办理"隐蔽工程记录"。

7.7.3　防雷接地系统（含太阳能方阵）

(1) 工艺流程

施工准备→接体焊接→等电位焊接、接地干线安装→避雷网、外墙及屋顶金属门窗及构架接地焊接。

(2) 防雷接地

若防雷接地与电气接地装置共用，低压配电系统采用 TN-C-S 系统，设置专用保护线（PE），接地装置接地电阻小于 1Ω。

① 建筑物内的总等电位连接必须与下列导体互相连接：低压电屏的 PE 干线，建筑物内的输送管道及类似的金属件；空调管、建筑物金属构件等导体。

② 进入建筑物的各种金属管道及电气设备、太阳能组件，应进行总等电位连接。

③ 接至电气设备、太阳能组件上的接地线，应用镀锌螺栓连接。接地体、防雷引下线及避雷带为一个整体网，相互连接必须可靠。各系统与设备接地必须直接与接地体连接，严禁串联后再与接地体连接。

④ 屋顶按设计要求设环状避雷网（带），并利用两根以上主筋引下，与接地网做可靠的电气焊接。所有带电设备的金属外壳应可靠接地。避雷网及其支持件安装应牢固可靠，防腐良好。避雷网规格尺寸和弯曲半径应正确。

⑤ 建筑物内的各种竖向金属管道每三层与敷设在建筑物外墙内的一圈均压环相连，均压环应与所有防雷装置专设引下线连接。建筑物外墙的金属栏杆、金属门窗等较大金属物直接或通过金属门窗埋铁与防雷装置连接。

⑥ 接地体（线）的焊接应采用搭接焊，焊接必须牢固可靠，无虚焊。其搭接长度必须符合下列规定：扁钢为其宽度的 2 倍（且至少 3 个棱边焊接）；圆钢为其直径的 6 倍；圆钢与扁钢连接时，其长度为圆直径的 6 倍。扁钢与钢管、扁钢与角钢焊接时，为了连接可靠，除应在其接触部位两侧进行焊接外，还应焊以由钢筋弯成的弧形（或直角形）卡子或直接由钢筋本身弯成的弧形。接地线与管道等伸长接地体连接，应采用焊接。如焊接有困难时，可采用卡箍，但应保证电气接触良好。焊接连接的焊缝平整、饱满，无明显气孔、咬肉等缺陷。螺栓连接紧密牢固，有防松措施。

⑦ 明敷接地线的安装应符合下列要求：敷设位置不应妨碍设备的拆卸与检修；支持件间的距离，在水平直线部分宜为 1.0m，垂直部分宜为 2m，转角部分宜为 0.3m，接地线应水平或垂直敷设；在直线段上，不应有高低起伏及弯曲等情况；接地线沿建筑物墙壁水平敷设时，离地面距离宜为 300mm，与墙壁间隙宜为 10mm；明敷接地线的表面涂以 50mm 刻度相等的绿色和黄色相同的条纹，中性线宜涂淡蓝色标志；当使用胶带时，应使用双色胶带。

⑧ 所有电机、电力设备、配电装置、电缆金属外皮、金属接线盒、照明电器金属外壳、电缆桥架、封闭母线外壳及其他裸露的金属部分等，都必须与 PE 线做可靠连接。金属线管接头及接线盒连接处加焊接接地跨接线。变配电室设备房应距地 300mm 敷设 40mm×4mm 的镀锌扁钢，并与设备房的桥架、母线、低压配电装置等采用铜线跨接。焊接外露部分和连接处进行防腐处理。

7.7.4　照明配电箱的安装

① 配电箱应安装在安全、干燥、易操作的场所。同一建筑物内同类箱的安装高度一致，允许偏差 10mm。

② 配电箱暗装时，用木楔及砖块将配电箱的壳体固定于预留洞口内，调整固定牢固，由土建封洞。暗埋的配电箱，将箱内的器件及箱子面板取下，防止损伤。

③ 挂墙式的配电箱可以钢制膨胀螺栓固定于墙上。

④ 安装于钢结构上的配电箱，用型钢做好与配电箱安装框架相同的安装支架，将支架焊于结构上，再用镀锌螺栓将配电箱安装于支架上。配电箱安装牢固，垂直度允许偏差为 1.5‰，底边距地面 1.5m，照明配电箱距地面不小于 1.8m。

⑤ 配电箱内开关动作灵活可靠，带有漏电保护回路，漏电保护装置动作电流不大于 30mA，动作时间不大于 0.1s。

7.7.5　管内穿线

① 穿线前，应将电线管内的积水及杂物清除干净。

② 穿线前，一般先在管内穿入 $\phi 1.2 \sim 1.6 \text{mm}$ 的铁线作为引线。

③ 在正式穿线时，在钢管的管口上装上保护口，以免穿线时损伤导线的绝缘层。如线路较长，可用滑石粉作润滑剂。不同回路、不同电压等级的交流与直流的导线，不得穿在同一根管内，特殊情况除外。同一交流回路的导线应穿于同一钢管内，并且在管内不应有接头和扭结，接头应设在接线盒（箱）内。

④ 在垂直钢管内敷设导线时，为减少管内导线的本身重量所产生的下垂力，保证导线不因自重而折断，导线在接线盒内固定。

⑤ 管内穿线时，注意使用不同颜色的导线将火线、零线及接地线分开。

⑥ 导线的连接分支一般不采用绞接搪锡连接，而用专用的压线帽压接，压线帽的大小由线芯大小及多少确定。

⑦ 管内所有导线包括绝缘层在内的总截面积不应大于电线管内空截面积的 40%。

7.7.6　钢结构工程

(1) 钢柱的安装

① 内容　钢柱、柱间支撑、系杆等。

② 特点　稳定性要求高，对于截面、高度和重量大的钢柱，安装尺寸要求高，校正难。

③ 安装　预埋锚栓交接验收→钢柱就位→钢柱安装→校正→锚拉栓紧固→检验→柱间支撑安装→系杆安装→检验→二次灌浆。

④ 钢柱出厂前准备

a. 连接件准备　包括所用的螺栓、螺母、压板、垫板等。

b. 辅助材料准备　包括焊条、油漆等。

⑤ 主要机具准备

a. 设备　起重设备、运输设备、焊接设备、气割设备、喷涂设备。

b. 机具　钢丝绳、吊索具、钢板夹、卡环、棕绳、倒链、千斤顶、榔头、扳手、撬杠、钢卷尺、经纬仪、水平仪、冲子等。

⑥ 安装方案　准备起重机械选择；吊装工艺；劳力组织；钢构件现场堆放；安全措施；作业前技术交底。

⑦ 作业条件　所需梯子、安全防护栏杆、操作平台、脚手架等。

⑧ 钢柱现场预拼准备　拼装用临时平台。

⑨ 安装操作工艺

a. 临时平台搭设应平整和稳固，要有临时固定措施，以防钢柱预拼中发生位移变形。

b. 分别在钢平台和钢柱上弹出中心线，上下柱要垫平、找直，用经纬仪校验后，用夹具定位焊。

c. 焊接。为减少焊接变形，一般采用对称焊。未焊好前夹具和临时固定板不要拆除，待两面都施焊完后拆除临时固定装置。如有变形，用火焰法校正。

d. 起吊绑扎。选好绑扎点（即吊点），钢柱绑扎点一般选在重心的上部或牛腿的下部。根据钢柱的长度、重量选择吊车及吊装方法，单机吊装通常用滑移法或旋转法，双机抬吊通常用递送法。

e.钢柱起吊前，将调节螺母先拧到锚拉栓上。钢柱起吊后，当柱底板距锚拉栓约30～40cm时，要将柱底板螺栓孔与锚拉栓对正，这时缓慢落钩、就位。同时将钢柱定位线与基础轴线对齐，初步校正，戴上紧固螺母，临时固定后脱钩。

f.钢柱就位后要用经纬仪或线锤进行校直，并用双螺母进行柱底调平，调节范围超出设计尺寸时，事先要用垫板找平。

g.固定。钢柱整体校正后，要将紧固螺母拧紧，并做临时加固，待其他钢构件全部安装检查无误后，浇灌细石混凝土。

h.钢柱校正固定后，将柱间支撑、系杆安装固定。

i.高层及超高层钢结构钢柱校正。

（a）柱基标高调整，首层柱垂偏校正，与单层钢结构钢柱校正方法相同。

（b）柱顶标高调整和其他节框架钢柱标高控制可以用两种方法：一种是按相对标高安装；另一种按设计标高安装，通常按相对标高安装。安装以线控制，将标高测量结果与下节柱顶预检长度对比进行综合处理。

（c）第二节纵横十字线校正。为上下柱不出现错口，尽量做到上下柱十字线重合。如有偏差，在柱与柱的连接耳板的不同侧面夹入垫板，钢柱的十字线偏差每次调整3mm以内，若偏差过大，分2～3次调整。

⑩ 质量控制与检验标准

a.质量控制分主控项目与一般项目。主控项目是指对材料、构配件、设备或建筑工程项目的施工质量起决定性作用的检验项目，一般项目是指对施工质量不起决定性作用的检验项目。

b.检验标准执行国家标准GB 50205规程。

c.基础支撑面、地脚螺栓的偏差应符合GB 50205中相应的规定，钢柱安装的允许偏差应符合GB 50205中相应的规定。

（2）钢屋架的安装

① 施工准备

材料、半成品及主要机具准备如下：

a.连接材料 焊条、螺栓等连接材料应有质量证明书，并符合设计要求及有关国家标准的规定。

b.涂料 防锈涂料技术性能应符合设计要求和有关标准的规定，应有产品质量证明书。

c.其他材料 各种规格垫铁等。

d.主要机具 吊装机械、吊装索具、电焊机、焊钳、焊把线、垫木、垫铁、扳手、撬杠、扭矩扳手、手持电砂轮、电钻等。

作业条件如下：

a.按构件明细表核对进场构件的数量，查验出厂合格证及有关技术资料。

b.检查构件在装卸、运输及堆放中有无损坏或变形。损坏和变形的构件应予矫正或重新加工。被碰损的防锈涂料应补涂，并再次检查办理验收手续。

c.对构件的外形几何尺寸、制孔、组装、焊接、摩擦面等进行检查，做记录。

d.钢结构构件应按安装顺序成套供应，现场堆放场地能满足现场拼装及顺序安装的需要。屋架分片出厂,在现场组拼应准备拼装工作台。

e.构件分类堆放,刚度较大的构件可以铺垫木水平堆放。多层叠放时,垫木应在一条垂线上。屋架宜立放,紧靠立柱,绑扎牢固。

f.编制钢结构安装施工组织设计,经审批后向队组交底。

g.检查安装支座及预埋件,取得经总包确认合格的验收资料。

② 工艺流程　安装准备→屋架组拼→屋架安装→连接与固定→检查验收→除锈、刷涂料。

a.复验安装定位所用的轴线控制点和测量标高使用的水准点。

b.放出标高控制线和屋架轴线的吊装辅助线。

c.复验屋架支座及支撑系统的预埋件,其轴线、标高、水平度、预埋螺栓位置及露出长度等超出允许偏差时,应做好技术处理。

d.检查吊装机械及吊具,按照施工组织设计的要求搭设脚手架或操作平台。

e.屋架腹杆设计为拉杆,但吊装时由于吊点位置使其受力改变为压杆时,为防止构件变形、失稳,必要时应采取加固措施,在平行于屋架上、下弦方向采用钢管、方木或其他临时加固措施。

f.测量用钢尺应与钢结构制造用的钢尺校对,并取得计量法定单位检定证明。

③ 屋架组拼　屋架分片运至现场组装时,拼装平台应平整。组拼时,应保证屋架总长及起拱尺寸的要求。焊接时,焊完一面检查合格后,再翻身焊另一面,做好施工记录,经验收后方准吊装。屋架及天窗架也可以在地面上组装好一次吊装,但要临时加固,以保证吊装时有足够的刚度。

a.吊点必须设在屋架三汇交节点上。屋架起吊时离地 50cm 时暂停,检查无误后再继续起吊。

b.安装第一榀屋架时,在松开吊钩前初步校正。对准屋架支座中心线或定位轴线就位,调整屋架垂直度,并检查屋架侧向弯曲,将屋架临时固定。

c.第二榀屋架同样方法吊装就位好后,不要松钩,用杉篙或方木临时与第一榀屋架固定,随后安装支撑系统及部分檩条,最后校正固定。务必使第一榀屋架与第二榀屋架形成一个具有空间刚度和稳定的整体。

d.从第三榀屋架开始,在屋脊点及上弦中点装上檩条即可将屋架固定,同时将屋架校正好。

④ 构件连接与固定

a.构件安装采用焊接或螺栓连接的节点,需检查连接节点,合格后方能进行焊接或紧固。

b.安装螺栓孔不允许用气割扩孔,永久性螺栓不得垫两个以上垫圈,螺栓外露螺纹长度不少于 2~3 扣。

c.安装定位焊缝不需承受荷载时,焊缝厚度不小于设计焊缝厚度的 2/3,且不大于 8mm,焊缝长度不宜小于 25mm,位置应在焊道内。安装焊缝全数外观检查,主要的焊缝应按设计要求用超声波探伤检查内在质量。上述检查均需做记录。

d.焊接及高强螺栓连接操作工艺详见该项工艺标准。

e.屋架支座、支撑系统的构造做法需认真检查,必须符合设计要求,零配件不得遗漏。

⑤ 检查验收

a.屋架安装后,首先检查现场连接部位的质量。

b.屋架安装质量主要检查屋架跨中对两支座中心竖向面的垂直度、屋架受压弦杆对屋架竖向面的侧面弯曲，必须保证上述偏差不超过允许偏差，以保证屋架符合设计受力状态及整体稳定要求。

c.屋架支座的标高、轴线位移、跨中挠度，经测量做出记录。

⑥ 除锈、刷涂料

a.连接处焊缝无焊渣、油污，除锈合格后方可涂刷涂料。

b.涂层干漆膜厚度应符合设计要求或施工规范的规定。

⑦ 质量控制与检验标准

a.质量控制分主控项目与一般项目。主控项目是指对材料、构配件、设备或建筑工程项目的施工质量起决定性作用的检验项目，一般项目是指对施工质量不起决定性作用的检验项目。

b.检验标准执行国家标准 GB 50205 规程。

7.8　确保施工中的技术组织措施

7.8.1　工程质量保证措施

（1）根据 ISO 9002 标准，建立质保、质控体系

① 质量管理模式　按 ISO 9002 质量保证体系保证系列，建立质量保证、质量控制体系来确保工程质量。质保、质控体系贯穿于施工生产的全过程，从施工人员技术培训到各种机具的保养维修，从把握施工技术关键到施工程序的每一个环节，从原材料的品质控制到最终工程的评定等一切活动，都在质保、质控体系的监督控制下，都纳入标准化的管理中。

② 质保大纲的构成　上行质量文件，包括质保大纲、质量保证总程序、工作程序、采购技术说明书、材料呈送单、分包商呈送单。跟踪质量文件，包括放线单（测量）、施工跟踪档案、测试及控制报告、调试报告、一致性说明书、质量偏差报告、不一致性报告。

③ 质保大纲内容　质量保证大纲规定了包括对组织机构、文件管理、设计管理、采购管理、材料管理、检查和实验管理、不符合项管理、纠正措施、记录、监察在内的监督范围。

④ 质保、质控在施工过程的控制

a.工作程序　就是对施工程序、施工技术方案的描述和编制要求，由项目工程师会同技术部及质保工程师合作编制，报甲方和公司总工、技术科、质量、生产、安全科批准后执行，是施工现场施工的指导文件。

b.施工档案记录程序　施工记录档案应遵守质保大纲要求，建议记录每个具体施工过程全部情况的施工记录档案。也可以说是根据规范程序和方案要求，对施工的每道工序、每一个环节进行质量监督控制的主要手段的原始文字记载，是极为主要的质保文件。它包括每一个具体结构施工过程中的所有检查和试验；施工记录档案，内部控制单，测量放线单，实验报告，施工阶段的草图，钢筋检查单，钢筋交货单（有钢筋工程师和工长的签字），预埋件检查单，有关技术修订、现场变更、说明要求等技术文件的表，测量检查单，不符合项报告。

c.质检检查程序　质检部门除了对施工队伍的内部质控进行检查外，还要对施工质量进行日常的例行检查和抽查。

⑤ 质控报告　一般质控员在检查中发现了问题，应直接向现场工程师及施工人员提出，

使问题得到很快的解决。如果问题较严重或向他们提出后没有返工，就要按规定向质保质控负责人和分公司负责人反映并存档。

⑥ 不符合处理程序 不符合项一旦发现，应立即采取措施控制。标记不符合项，在报告中要明确不符合项发生的原因、差异状态，及时修复或处理为符合项。

（2）工程创优保证措施

① 组织措施 按照公司质量保证、质量控制体系，建立完善的公司和项目经理部两级质保质控体系，严格按照项目法施工。

落实发挥项目工程师、质量员及班组兼职质量员在工程质量监控中的骨干作用，把质量分析讲评与消除质量通病落到实处。

② 制度措施 建立健全班组自检、交接班、专职三检制度，坚持班组检查和专职检查相结合。坚持"质量一票否决制"，质量问题决不向进度和成本问题妥协，杜绝包庇隐蔽，发现问题及时纠正。

技术质量检查制度：项目部每周一次质量大检查制度，发现问题跟踪处理落实。

技术质量交底制度：熟悉图纸，对操作班组分别交底，做到交底不明确不上岗。

质量责任制：坚持执行"谁施工谁负责质量，谁操作谁保证质量"的原则，逐级落实，在施工过程中，操作者姓名挂牌上墙，并有专人跟踪记录，使质量工作落到每一个人，人人树立"质量第一"的观念，明白"我对质量过不去，有人对我过不去"的道理。

质量责任终身制：严格把好每一道工序的质量关，使所有分项工程不留隐患，真正做到"踏踏实实做人，认认真真施工"。

③ 具体保证措施 选派有丰富经验的项目经理、施工员及有关管理人员。为确保工程质量，采用强化质量管理体系，实行工序控制，实施开展分项工程质量 QC 管理创优活动。认真仔细学习和阅读图纸，及时提出不明之处，工作变更或其他技术措施均以施工联系单和签证手续做依据。施工前认真做好各项技术交底工作，严格按有关规定施工和验收，并及时接受建筑单位和质量监督部门的质量监督和指导。

严格执行材料验收和计量管理制度，把好原材料质量关。采购材料必须三证齐全（营业证、产品合格证、材料准用证），坚持由施工员、质量员、材料员同时验收，确保质量合格和现货数量。对需要复测的材料，及时做好复测工作，合格后方可使用。对外加工的构件半成品，坚持签收验货，详细核对其品种、数量、规格、质量要求，做到不合格的产品不进场。工程技术资料的管理工作，设立专职技术资料员，按照"准确、真实、及时、完整"的要求，及时进行整理和归档，使技术资料正确反映工程的实际质量。

测量定位仪器和计量工具齐全、正确、可靠、定期复验。进场钢筋与成型钢筋建立挂牌制度，按规定品种分别堆放，并抽样试验，合格方可使用。水泥进场后有质保书，使用前符合品种、标号、出厂日期，并进行抽样化验。砂石进场具备质保书，并做复试。混凝土施工必须由专职人员负责试块制作，试块必须编号，写明构件名称、部位、混凝土编号、施工日期，严格控制混凝土级配，现场设标准养护室。

做好隐蔽工程验收工作。隐蔽工程验收均要有关单位认可签章后，方可进行下一道工序。

主要分项工程质量通病防治的具体措施如下。

a.钢筋工程

通病表现 钢筋位移，绑扎节点松口。

产生原因 固定措施不可靠，外力作用发生位移；绑扎形式不正确或铁丝型号不对。

防止措施 在伸出钢筋部位加一道扫地箍，如发生位移，校正固定后再浇筑，浇筑全过程有专人检查，随时校正。绑扎时根据不同构件采用不同的形式，铁丝 $\phi 12$ 以下钢筋用 22♯铁丝，$\phi 12$ 以上用 20♯铁丝。

b. 模板工程

通病表现　漏浆、混凝土不密实或麻面。

产生原因　没按模板设计图纸支模，模板修理、清理不好，拆模过早。

防止措施　严格按实际要求支模，加强模板修理、清理工作，严格控制拆模时间。

c. 混凝土工程

通病表现　混凝土强度不稳定，施工缝处混凝土处理不好，有夹渣现象。

产生原因　原材料不符合规范要求，计量不准。没按要求留施工缝，浇筑时对该处没有认真处理。

防止措施　确保原材料质量，加强计量管理。施工缝表面应凿毛，用水冲洗干净。浇新混凝土时用同强等级水泥砂浆接浆。

d. 砌体工程

通病表现　砖缝砂浆不饱满，砂浆强度不稳定。

产生原因　干砖上墙，早期脱水，铺灰过长，砌筑速度跟不上。材料计量不准确，搅拌不匀，使用时间过长。

防止措施　严禁干砖上墙，应浇水湿润。从严计量，搅拌时间要控制，随拌随用，不得堆积太多。

e. 抹灰工程

通病表现　空鼓、裂缝平整度、垂直度、阴阳角方正超标。

产生原因　基层处理不当，没有严格按工艺要求施工，没有用靠尺检查。

防止措施　基层处理不干净，湿润。按工艺要求操作，随时用靠尺等检查。

f. 涂料工程

通病表现　脱皮、粗糙、透底。

产生原因　基层含水量太高，打磨不平整；基层表面太光或清洗不干净。

防止措施　基层烘干，打磨平整；基层刷洗干净。

g. 管道安装

通病表现　墙面粉刷后，明管半明半暗或离墙太远，不美观。

产生原因　管道安装时，离墙定位尺寸未考虑抹灰层厚度和管外皮离墙面距离。立管垂直度超过允许偏差。

防止措施　管道安装时，离墙距离要加抹灰层厚度和管外皮离墙面净距。立管垂直允许偏差控制在每米偏差小于 3mm；5m 以上偏差不大于 15mm。

7.8.2　工程工期保证措施

(1) 全面实行内部承包制，严格执行合同管理

项目部与作业队签订劳务合同，采取定额加质量进度系数的方法签订，确保各分项工程保质保量完成。

项目部签订材料加工及机械设备等合同，明确工程的各项管理指标，发现项目经理无力履行合同或有违法行为有权终止合同，但要确保工程不受任何影响。

(2) 严格计划管理

按照工期要求，对该工程分部工程、分项工程排出季、月、周准确可靠的工作计划。按照工作计划，排出每月每周的机械、材料、劳动力和资金计划。

项目经理部、分公司部门落实对计划的执行，确保责任到人。

项目经理部每周召开一次由班组长参加的协调会议，统一研究解决影响制约的因素，确保周计划的实施。落实材料、机械、劳动力的供应，满足施工需要，及时处理存在问题，为工程提供全面保障。

加强各工种的统一协调和密切配合，尤其是土建安装工程，更须统一指挥，分工明确，防止脱节。做好收尾组织工作。

搞好成品保护，减少修补、重复用工；及早安排户外配套工程，使其能配套完成，节约配套收尾时间。

7.8.3　工程安全保证措施

(1) 安全组织和安全生产责任制

工程项目经理是安全生产第一责任者，设专职安全员 1～2 名，班组设兼职安全员，成立以项目经理为主，以施工员、班组长参加的安全管理小组，并组成安全管理网络。

建立健全各类人员的安全生产责任制，项目经理要与公司签订安全责任书，班组要与项目经理部签订安全责任书，项目部要与业主单位签订安全责任和协作配合议定书。

(2) 安全教育与检查

对工人必须进行公司、工地、班组三级教育，经教育合格后准许进入生产岗位。对三级教育情况，项目部专职安全员要建立档案。班组新调入工地时，亦要进行一次安全交底。

做好安全检查工作，定期安全检查、专业性安全检查、经常性检查、季节性及假日前后检查相结合，消除不安全因素，采取对策，保证安全生产。

(3) 安全技术管理

① 专业安全员要根据建设部颁发的《建设施工安全检查评分标准》要求和公司安全生产管理规定，收集整理好安全技术交底管理基础资料。

② 做好安全技术方案、技术措施的编制和交底工作，编制可行的安全技术方案并交底，各专业施工员在下达任务的同时，提出可行的安全措施，组织实施与交底。

③ 各项安全设施，如脚手架、井架、安全网、施工用电、洞口、临边等搭设及其围护设施完成后，必须组织验收，合格后才可使用。

④ 各项安全设施、防护装置，如确因施工工序中需要临时拆除或移动时，必须经有关人员批准后方可进行，并应采取其他防范措施。

⑤ 重要的施工作业面，安全设施、防护装置确认不再需要时，经批准后方可拆除。对脚手架等危害性较大的设施，必须有拆除方案并按有关规定进行，有专人监护，划定危险区域，立警告标志。

⑥ 做好一般安全事故的处理，通过"三不放过"，达到改进、提高的目的。

7.8.4　主要工种安全技术措施

进入现场必须戴安全帽，没有围护的高处作业应系安全带。

在有六级以上大风和大雾时，一般停止高空作业，必要时采取专门防护措施。

(1) 现场临时用电

① 按施工用电规划总平面图，施工前向施工人员交底，安装好后进行验收。

② 建立安全检测制度并做好记录工作。接地电阻每月检测一次，绝缘电阻每月检测一次，漏电保护器半个月检测一次。

③ 电气维修人定时，每天一人进行值班，常到班组现场检查，及时发现和消除事故隐患。

④ 所有电气设备金属外壳必须设有良好的接零保护。

⑤ 用电设备使用完，应及时拆除、入库。

⑥ 定期对电工进行用电安全教育和培训，应持证上岗，严禁无证上岗或随意串岗。

⑦ 各种电气设备实行一机一闸一保护，必须实行三相五线制，遵循安全用电技术规范。施工现场的手持电动工具必须选用Ⅱ类工具，配有额定漏电电流不大于 30mA、动作时间不大于 0.1s 的漏电保护器保护。

⑧ 施工现场的配电箱、开关箱应配置一级漏电保护。一般额定漏电保护动作电流不大于 30mA，配电箱、开关箱应上锁，并有专人负责，电气装置必须完好无损，装设端正、牢固，导线绝缘良好。

⑨ 检修人员应穿绝缘鞋，戴绝缘手套，用绝缘工具。

⑩ 加强电气防火教育，进行电气防火知识教育，宣传建立防火检查制度，每月一次，发现问题及时处理。在防火重点处设置禁火标志。

(2) 主要机械安全要点

① 所有机械均必须有接零保护和漏电保护装置。停机时切断电源，拉闸加锁。

② 露天操作均要搭设操作棚，外露转动部分均须有防护罩和防护栏。

③ 物料提升机禁用倒顺开关，操作视线良好。凡用按钮开关，在操作人员处设有断电开关。

④ 木工机械设有灵活的安全防护装置。

⑤ 电焊机必须一机一闸装有随机开关，一、二次电源接头处装防护装置，二次线使用线鼻子。

⑥ 机械发现不正常情况应停机检查，不得在运行中修理。

⑦ 持证上岗，严格按单机安全技术操作规程操作，做好三保养工作。

(3) 防火要求

① 现场要建立安全防火领导小组，吸收业主方参加，健全防火检查制度。

② 配电房、木工棚、油漆、易燃库房必须设有消防器材。

③ 电焊、气焊、电渣压力焊等操作人员要严格执行"十不烧"的规定。

④ 焊、割作业点与氧气瓶、电石桶和乙炔发生器等危险物品的距离不得小于 10m，与易燃易爆物的距离不得小于 30m，达不到上述要求应经批准采取有效的安全隔离措施。

⑤ 乙炔发生器和氧气瓶的存放距离不得小于 2m，使用时两者距离不得小于 5m，与明火距离大于 10m。

7.9 文明施工及环境保护措施

(1) 文明施工目标

文明施工是建设单位、施工单位等共同所期望的，也是社会各界所关注的，是评判企业整体素质和管理水平的重要依据。

（2）文明施工保证措施

① 加强施工人员的文明施工意识，组织学习文明施工条例及有关常识，进行上岗教育，讲职业道德，扬行业新风。

② 按建设规定挂牌施工，公开工程项目名称、范围、开竣工期限、工地负责人，明确监督电话，接受社会监督。

③ 现场布局合理，材料、物品、机具、土方符合要求。

④ 组建文明施工专业小分队，对施工现场、环保、疏导交通、护栏的整理及大门临近通道进行监察，及时排除施工通道积水，确保平整、畅通、清洁。车辆进出洒落的泥土、材料等由当事人负责清扫干净，保持施工现场清洁。

⑤ 施工现场按平面图统一布局，设立食堂、厕所、浴室、衣物室。设备、机具、材料、生活区安排井然有序。

⑥ 办公室、宿舍要有卫生值日制度，每人都负责清理环境工作，食堂、厕所卫生清扫工作有专人负责，确保有干净的工作、生活环境。

⑦ 施工期间加强对地面道路的修复，人行道保持畅通。

⑧ 工地实行封闭围护施工，工地四周围墙及路口大门、旗杆按公司统一标准设置。

⑨ 现场按有关要求，设置"八牌二图"，以及安全宣传标语警告牌。

⑩ 场地排水系统、主要道路、施工便道、堆场一侧须设排水沟，排水沟上设盖板。

⑪ 加强安全教育，未经教育者不得上岗。

⑫ 施工现场内严禁乱扔垃圾杂物。

⑬ 对进场施工人员进行生产安全和消防教育。

⑭ 加强夜间的安全保卫工作，设夜间巡逻队。

⑮ 加强工地治安综合治理，做到目标管理、制度落实、责任到人。施工现场治安防范措施有力，重点要害部位防范设施有效到位。

⑯ 生活卫生应纳入总体规划，并有专（兼）职管理人员和保洁人员，实行卫生责任制。

⑰ 落实专人负责生活区、施工现场的环境卫生保洁，对卫生垃圾及时处理，协调好市容监理部门有关工作，不因施工而影响市容环境卫生。

⑱ 施工现场须设茶水桶，并有消毒设备。

（3）降低噪声措施

遵照相关标准，制订行之有效的保证措施，把施工噪声降低到最低限度。

① 现场垂直运输采用物料提升机，运行时噪声较小。

② 对进场人员进行专项降低施工噪声交底工作，禁止大声喧哗及不必要的机具碰撞，并使其与本人经济利益挂钩，成为制约的一个硬指标。

③ 严格执行作息时间，夜间混凝土浇筑保证在 22:00 以前结束。

（4）减少环境污染措施

① 现场废水经沉淀后再排入市政管网。

② 车辆进场后，禁止鸣笛，对钢筋、钢模的装卸，采用人工递送的方法，减少金属件的碰撞声。

③ 运输各种材料、垃圾等有遮盖和防护措施，防止将泥浆带出场外。

7. 10　施工配合措施

（1）与设计单位的协调

① 工程中标后，通过业主方与设计院主动联系，领会设计意图，了解工程特点、技术难度。

② 做好现场校对，对图纸不明处和与现场不符合处及时与设计院联系，共同解决施工中的问题。

（2）与建设单位的协调

① 对甲方提供设备、材料，由项目部提出"到货计划表"，以便建设单位按施工进度计划进行采购和提供。甲方提供材料要求按项目部"到货计划"及时到位。

② 图纸资料及有关变更的协调。

③ 有关签证手续的办理。

（3）与监理单位的协调

① 在施工中，严格按照经建设方、监理方同意的"施工大纲"进行检查、验收，对监理方所提意见，应进行认真整改。

② 坚决实施"上道工序不合格，下道工序不实施"的原则。为使监理能顺利开展工作，成为施工单位保证工程质量监管的重要力量，一定要维护监理的权威性，故应遵循"先执行监理指导，后协商统一"的原则。

③ 如监理公司提出整改意见，项目部务必限期整改。

（4）与其他部门的配合

① 要主动做好公安交通大队、巡警的协调工作，解决车辆运行时间、路线及工地附近车辆的停放位置等问题。

② 要事先与当地警署协调，便于加强工地治安管理和开展外来人员户籍登记工作。

③ 要及时与市容管理部门协调，解决工地门前及道路的保洁等问题。

④ 要积极与环保部门协调夜间施工，落实防止环境污染噪声等措施。

7. 11　光伏系统施工

7. 11. 1　组件安装注意事项

先测量光伏组件的开路电压和短路电流。为了判断光伏组件是否正常工作，测量时安装人员必须详细对照厂家技术手册。开路电压的测量必须在光伏组件被日光照射导致温度升高前进行测量，因为组件的输出电压会随温度升高而下降。短路电流的测量直接受日照强度的影响，除非能够准确地测量日照强度的影响，否则只能对光伏组件的输出电流特性进行估计，测量数据差别在 $5\%\sim10\%$。最好在正午日照最强的条件下测量光伏组件。

对组件的开路电压和短路电流测量结束后，对正、负引线用记号笔加标注，或者正极用红线引出，负极用其他颜色引出。确保安装安全，安装时在光伏组件表面铺好遮光板或用黑色塑料膜遮住太阳光，同时戴好绝缘手套。安装组件时，应该轻拿轻放，防止硬物刮伤和撞击表面玻璃，禁止抓住接线盒抓举组件。组件在机架上的安装位置和排列方式应符合施工设计的规定。组件固定面与机架表面不吻合时，应用垫片垫平后方可紧固连接螺母。严禁用拧紧连接螺钉的方法使其吻合。

如果在建筑物表面安装组件，为了减少光伏组件温度升高，屋顶和组件之间要留有 5～10cm 间隙，机架间隙不应小于 8mm。

安装后要逐个检查所有螺钉是否拧紧。指定专人检查、专人负责，确保所有螺钉处于拧紧状态。安装检查结束后，测量并记录所有单体太阳能电池的开路电压和太阳能电池组件的总电压，并填写安装统计表。参阅图 7-12。

(a) 电气接线检查　　　　　　　　　　(b) 组件间距检查

图 7-12　组件安装检查

7.11.2　蓄电池安装工艺

安装前应该检查外观有无破裂、漏酸，接线端子有无弯曲和损坏，弯曲和损坏的接线端极柱会造成安装困难或无法安装，并有可能使接线端密封失效，产生爬酸、渗酸现象，严重时还会产生较高的接触电阻，甚至有熔断的危险。

蓄电池搬运时，要戴好防护手套，小心轻放，避免电池破损。不得触动接线端极柱和排气阀，严禁投掷和翻滚，避免机械冲击和重压。

将蓄电池搬运到指定位置，进行电解液密度、液面高度和端电压检查。放置时要保持电池柜之间、电池柜与墙壁及其他设备之间留有 50～70cm 的维修距离，保持电池间有 10～15mm 的散热距离。

用铜刷轻轻处理电池端子，使端子的接线部位露出金属光泽。用软布擦拭电池表面的铅屑和灰尘。

戴好防护手套，用专用金属连接件将蓄电池连接成蓄电池组。检查蓄电池组总输出电压。将所有蓄电池端子和接线端用接线端盖盖好或涂抹上凡士林脂。

7.11.3　控制器安装工艺

在安装使用前，应仔细阅读说明书，详细了解安装使用注意事项，熟悉各接线端功能，避免因盲目安装使用造成损害。检查外观有无损坏，内部接线盒螺钉有无松动。

将控制器可靠地固定到要安装的表面上，控制器与安装平面之间保持一定的间隙，以保证散热需要。

确定导线长度，在保证安装位置的情况下，尽可能减少连线的长度，以减少电能损耗。按照不大于 $4A/mm^2$ 的电流密度选择铜导线截面积，将控制器一侧的接线头剥去 5mm 的绝缘。

将导线连接到控制器的蓄电池连接线上，再将导线另一端连接至蓄电池的接线端，注意正负极不要接反。如果连接正确，蓄电池指示灯亮，否则需要检查连接是否可靠正确。切记蓄电池连接线不要反接，否则有可能烧坏熔断器或者控制器，使控制器无法正常工作。熔断器只作为控制器本身内部电路的最终保护，建议在蓄电池的接线端接一个熔断器，以提供短路保护。熔断器的保护电流必须大于控制器的额定电流。

在进行电气连接之前，务必采用不透光材料将光伏电池板遮盖，或者断开直流侧断路器。若暴露于阳光，光伏阵列将会产生危险电压。

连接负载与控制器时，首先按输出控制按钮，观察输出状态指示灯，确保输出状态为关闭。将负载的连接线接入控制器的负载连接线，注意正负极不要反接，以免烧坏用电电器。

将交流电的相线、中性线、地线分别连接到控制器的交流电输入接口的相线端、中性线端、地线端，注意相互对应不可接错。

7.11.4　汇流箱及直流配电柜安装

(1) 汇流箱及直流配电柜选型

直流汇流箱作为连接光伏方阵与并网逆变器之间重要的连接装置，起着保护与汇流的作用，通过将多路输入的光伏组件汇流成一路，并加装直流防雷模块与直流保险，防止由于雷电流引起的过电压对设备的侵害。汇流箱与直流配电柜选择要根据组串数量、电流、电压等相关设计要求进行认真甄选，确保安装后无短路、电流过大等风险因子。汇流箱实物、汇流箱内部接线及参数说明图如图 7-13 所示。

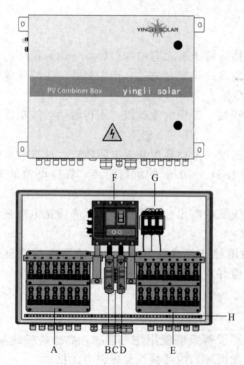

编号	参数说明
A	直流正极保险丝座与保险丝 (煤炉输入串接一路熔丝)
B	直流正极汇流输出
C	接地端子
D	直流负极汇流输出
E	直流负极保险丝座与保险丝 (每路输入串接一路熔丝)
F	直流断路器
G	防雷器
H	线缆固定横梁

图 7-13　汇流箱实物、汇流箱内部接线及参数说明

（2）汇流箱、直流配电柜安装及注意事项

① 施工准备　手枪钻及冲击钻、手锯、角磨机、扳手、螺丝刀、万用表等工具。

② 汇流箱的安装　汇流箱的安装方式主要有壁挂、落地、一体机等。一般情况将汇流箱安装在支架上，在符合规定的高度上依次标出安装孔位，用相应的安装螺钉进行固定，并拧紧。在安装过程中，要保护汇流箱，防止坠落损坏。汇流箱安装实物如图 7-14 所示。

③ 线缆连接　根据图纸的要求，组件线缆按照线缆标号连接至直流汇流箱相应位置。

④ 防雷　汇流箱内一般配备有防雷模块。为了安全起见，在汇流箱安装到指定位置后需引接地线，连接到支架或直接接地。

图 7-14　汇流箱安装实物

⑤ 检查　设备固定牢靠，线缆标记齐全，并全部连接到位，无错接地方，符合相关规范。

7.11.5　电缆敷设

光伏发电系统布线主要是以直流布线为主，指的是光伏阵列到控制器，光伏阵列到逆变器，组件间、逆变器到并网及主要电气设备的布线。一般情况下，控制器安装到室内，阵列安装在室外，因此阵列与控制器之间有一定的距离，连接线横截面的选择是布线时主要考虑的因素之一。

5kW 光伏系统安装实例如图 7-15 所示。

(a) 组件搬运

(b) 支架搭建

(c) 组建安装

(d) 电气连接

图 7-15

(e) 组建安装结束拆除部分脚手架

(f) 汇流及控制线缆进控制柜

(g) 汇流、控制柜安装

(h) 安装好的逆变控制柜

(i) 安装好的汇流箱

(j) 系统安装结束

图 7-15　5kW 光伏系统安装实例

7.12　防火工程

(1) 一般规定

消防工程应由具备相应等级的消防设施工程施工资质的单位承担，项目负责人及其主要技术负责人应具备相应的管理或技术等级资格。

消防工程施工前应具备下列条件：

① 施工图纸应报当地消防部门审查批准；

② 工程中使用的消防设备和器材的生产厂家应通过相关部门认证，设备和器材的合格证及检验报告应齐全，且通过设备、材料报验工作。

消防部门验收前，建设单位应组织施工、监理、设计和使用单位进行消防自验。安装调试完工后，应由当地专业消防检验单位进行检测并出具相应检测报告。

(2) 火灾自动报警系统

火灾自动报警系统施工应符合现行国家标准《火灾自动报警系统施工及验收规范》GB 50166 的相关规定。

火灾自动报警系统的布管和穿线工作，应与土建施工密切配合。

火灾自动报警系统调试，应分别对探测器、区域报警控制器、集中报警控制器和厢房控制设备等逐个进行单机通电检查，正常后方可进行系统调试。

火灾自动报警系统通电后，应按照现行国家标准《火灾报警控制器》GB 4717 的相关规定进行检验，对报警控制器主要应进行功能检查：

① 火灾报警自检功能应完好；

② 消音功能应完好；

③ 故障报警功能应完好；

④ 火灾优先功能应完好；

⑤ 报警记忆功能应完好；

⑥ 电源自动转换和备用电源的自动充电功能应完好；

⑦ 备用电源的欠压和过压报警功能应完好。

在火灾自动报警系统与照明回路有联动功能时，联动功能应正常、可靠。

火灾自动报警系统竣工时，施工单位应根据当地消防部门的要求，提供必要的竣工资料。

(3) 灭火系统

消火栓系统的施工应符合现行国家标准《建筑给水排水及采暖工程施工质量验收规范》GB 50242 的相关规定。

气体灭火系统的施工应符合现行国家标准《气体灭火系统的施工及验收规范》GB 50263 的相关规定。

自动喷水灭火系统的施工应符合现行国家标准《自动喷水灭火系统的施工及验收规范》GB 50261 的相关规定。

泡沫灭火系统的施工应符合现行国家标准《泡沫灭火系统的施工及验收规范》GB 50281 的相关规定。

第 8 章

光伏系统施工及管理

8.1 项目施工组织机构与人员配置

8.1.1 项目管理组织形式

项目经理、施工员、各专业班长、资料管理员、安全员、材料员常驻施工现场。

8.1.2 项目部现场主要管理人员职责

(1) 项目经理

① 项目经理作为公司法人代表的被委托人，按照专项工程合同条款，行使和履行合同中分包方的权利和义务，对承包的工程全面负责，并遵守国家和地方的法律和法规，维护本单位的利益和信誉。

② 负责按合同约定的分包工程范围和建设工期、施工验收规范，全面完成项目建设任务，解决业主和承包方的质量投诉。

③ 领导和主持项目部的工作。

④ 按照项目合同中的建设工期，组织制订和审核工程综合进度网络计划。组织制订和审批工程（建安）施工进度计划，协调设计进度和交付计划，协调设备（和材料）采购进度和交付计划。

⑤ 定期将设计进度计划、设备采购进度计划、施工进度计划、调试进度计划的执行情况向公司和业主汇报。

⑥ 对施工设计、设备采购、工程施工、工程调试的进度和质量提出要求，协调解决存在的问题。

⑦ 根据工程情况，分别向承包方、业主、公司汇报工程中存在的重大问题。

⑧ 依据合同，协调处理业主、施工承包方在合同执行中的变更、纠纷、索赔等事宜。

⑨ 建立和完善项目部信息管理系统，包括会议和报告制度，保证信息交流畅通。

⑩ 工程竣工后组织工程交工、竣工结算等工作，取得承包方对工程项目的正式验收文件。

⑪ 项目结束后，编写项目工作总结，编写项目完工报告。

(2) 项目部施工员

① 接受项目经理的领导和项目施工副经理的工作安排，负责工程施工质量技术管理工作，负责对施工分包方进行专业施工技术指导和监督。

② 业务上接受公司工程部、质量部的工作指导。

③ 编制或审核专业施工组织设计、施工措施、作业指导书、施工进度计划、工程质量验评范围表。

④ 负责按照监理表格样式，填写和报送施工监理报验审验表。

⑤ 按照专业工程验收项目划分表联系施工监理人员，进行四级施工质量检验及评定，负责三级施工质量检验及评定，负责二级施工质量检验及评定的抽查。

⑥ 负责按照施工质量控制计划和施工质量检验计划，进行施工分包方质量记录和现场的检查。

⑦ 负责日常施工过程中的施工质量、工艺的检查。

⑧ 负责处理和解决本专业的施工技术问题。

⑨ 按照工程施工进度计划，进行施工进度情况检查。

⑩ 负责检查和反馈本专业设计变更的执行情况。

⑪ 参加调试大纲、调试措施的讨论。

⑫ 负责编写项目施工各自专业的相关报告。

⑬ 收集和整理施工过程中的技术文件资料。

⑭ 项目结束时，协助资料员进行工程技术文件资料的整理、移交、归档。

⑮ 负责编写工程专业技术总结。

⑯ 负责接待业主的质量咨询及质量投诉。

⑰ 完成项目经理和施总交办的其他工作。

(3) 项目部安全员

① 负责项目的安全监察和安全（人身安全、设备安全、消防安全）管理。

② 检查施工现场的设备安全防护和安全保卫工作。

③ 检查施工分包方的安全文明施工的有关管理规章制度是否完善。

④ 检查施工分包方的安全管理人员、组织是否健全。

⑤ 负责项目部的安全教育与培训。

⑥ 审核施工组织设计、施工措施、作业指导书中安全措施的内容。

⑦ 检查施工现场的消防设施情况。

⑧ 负责现场的安全文明施工检查，制止现场的违章作业，提出现场安全事故隐患。

⑨ 负责与地方劳动、卫生部门的工作联系。

⑩ 负责编写项目安全工作报告。

(4) 资料管理员

① 资料管理员接受项目经理的领导和项目施工副经理的工作安排。

② 负责编制项目部考勤制度、请假制度，负责会议签到、会议记录，起草会议纪要，起草请示或报告。

③ 负责项目部文件资料的分类登记、保管。

④ 负责按照质量管理体系程序文件的要求，进行质量管理体系文件资料、工程技术文件资料及其他文件的分类登记、分类保管、发放及回收。

⑤ 负责项目部文件资料的复印、电话传真。

⑥ 负责及时传递项目部往来电话、传真、信函的信息。

⑦ 负责项目部的来访宾客的接待和联系。

⑧ 工程移交后，会同施工分包方负责施工竣工资料的移交，协助项目设计小组移交竣工图，协助项目调试小组移交调试竣工资料，负责施工竣工资料的归档。

⑨ 完成项目经理和项目施工副经理交办的其他工作。

⑩ 工程结束时，按照项目经理制定的项目工作总结提纲，编写文件资料管理总结。

8.2　施工准备

根据施工需要，尽量使用施工区域内的空地，紧缩用地，按照便利施工、便利消防、文明施工的原则，合理布置施工现场，施工临时设施布置在相宜的位置。机械布置时，以最大限度满足施工、最小限度减少同别工种的交叉影响为原则，遵循"多固定、少活动、用方便、退及时"的布置原则，尽量消除现场通道的压堵，确保其最大限度、最长时间的畅通。应做好施工外围标识、施工用电、施工用水、施工临时办公室、食堂、宿舍等问题的安排工作。

8.3　保证施工进度的措施

8.3.1　确保工期的措施

① 组织项目成员，在项目总负责方的管理程序指导下，配备优秀的技术及管理人员，从人力和施工机具上给予充分保证，并采用先进的施工工艺和科学的管理方法进行施工。

② 工程开工前，充分做好施工准备，根据工程特点、技术和管理要求，进行有计划的严格培训，以适应工程的需要。

③ 遵循合同要求，明晰设备、材料到货和图纸交付节点，在现场统筹编制切实可行的项目实施计划，及时调配配套资源。在开工后，分阶段编制二级项目总体实施计划、三级月执行计划、四级周作业计划以及各阶段突击计划，强调计划的严肃性，以周保月，从而保证施工节点的可靠性和连续性。将单位工程控制点分解到施工班组，并通过"控制点"评价、设奖，保证控制点完成，提高控制点实现的可靠性。

④ 加强现场组织指挥和协调，确定强有力的现场指挥机构，指挥系统前移，直接指挥施工生产。加强协调力度，及时解决施工中出现的问题。充分落实每周一次的施工调度会指令，不定期组织各种专题会，认真检查落实调度会及其他会议纪要的执行情况。

⑤ 对工程施工的重要部分，编制详细的日作业计划，落实到人，负责实施，做到当天任务当天完成。

⑥ 根据施工规程和标准，编写科学、合理、可行的技术方案，积极推广和采用新工艺、新技术和优秀施工方法组织施工，强化 HSE、质量管理和控制，使安全、质量工作成为施工进度的保障。

⑦ 加强施工计划检查与监督力度，在计划执行过程中，设专人每月、每周、每日进行现场施工实物量统计，及时反馈施工进度动态信息，以供施工指挥人员及时掌握施工进度，便于施工现场的调度或进行必要的计划调整。

⑧ 假若由于某种原因影响了工程节点计划的完成，要在总工期不变的情况下，重新调整计划，采取平行流水、立体交叉的施工方法，保证下一节点的实现。在现场工作面允许的情况下，增加人力投入，使工作面基本达到饱和，同时集中组织高技能资源进行突击以保证质量和进度。在工作面狭窄的情况下，采取延长工时、轮班作业、连续作战的办法，确保总工期按期到达。

⑨ 充分利用公司的精良装备，提前调配、扩充机械化作业面，同时增加预制量，克服作业面狭小的限制。

⑩ 搞好职工生活，调动职工一切积极因素，发挥广大职工的主观能动作用。严格奖罚制度，提高劳动效率。

⑪ 定期组织对施工管理、工期进度及控制、现场文明施工、基础管理工作进行评检，促使项目部通过抓管理促进工程建设进度。

⑫ 加强与总包方、监理、业主和当地政府的交流和协调工作，充分理解工作意图和指令，对隐蔽工程提前通知监理，做好检查准备。

⑬ 对于进度计划，项目部配置专门的基建管理人员对计划进行管理。

8.3.2　进度控制与进度检测

(1) 进度控制的指导思想

"安全第一，质量第一"贯穿整个施工过程。用科学的安排，保证计划进度的落实。加强管理，正确处理成本核算，切实处理好安全、质量、进度和成本之间的关系。运用 P3 软件进行项目计划管理并实施动态控制，使计划工作计算机化并合理使用 CPM 网络技术，以高质量、高效率确保控制点的实现。

(2) 进度控制体系与进度检测程序

① 进度控制体系　施工进度控制是现场施工管理的最重要的一环。

设置进度控制工程师，把主动控制与被动控制结合使用。进度控制的控制模式，结合设备、材料的供应计划和施工图纸的供应计划，以及施工进度计划，编制整个施工阶段的四级动态管理计划，并对项目实施情况进行实时跟踪、反馈，以此为基础利用各专业不同的加权因子，进行工程进度的检测及纠偏工作，并与工程费用的控制紧密结合，使工程建设期间的计划、统计、费用工作形成一个有机的整体。

a.四级动态计划管理。

一级计划——项目施工总体统筹计划，深度至施工装置，包含人力动迁/遣散计划及合同。

二级计划——项目总体实施计划，深度至装置的各个系统。

三级计划——月执行计划，深度至不同施工系统内的各个专业。

四级计划——周作业计划，深度至施工的各个工序，即最基础的施工进度计划。

b.重点区域的施工计划的管理。对于项目的重点施工区域，结合现场的实际情况，制订出配合四级计划的重点区域计划，使各施工队能够更好地保证安全、质量的前提下按照计划的要求进行施工，从而为工程的按期交工打下良好的基础。

c.周计划/统计。要求各施工队在施工阶段的每周调度会上做出上周的施工统计，并做出本周的施工计划，使工程的计划控制工作落实到周，及时地发现问题解决问题，利用周统计/周计划对月滚动进行符合现场实际的纠偏工作，使工程计划真正贯彻到工程建设中去。

② 进度检测程序　进度检测程序见进度跟踪检测流程图 8-1。

③ 计划控制与进度检测管理组织机构　工

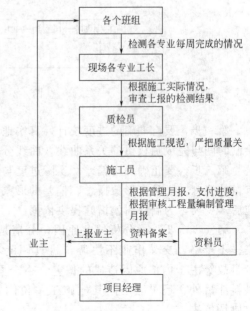

图 8-1　进度跟踪检测流程

程设立项目经理部，实施组织指挥、协调、控制和对外联络的职能。经理部下设有关部门，负责对施工全过程进行专业协调和全面管理。

④ 计划控制与进度检测管理的基本原则

a.与总承包方计划体系保持一致，以下发的总体项目计划和项目执行计划为基准，编制项目实施计划和项目作业计划，并随总包方计划的更新而更新。开工前及时编报计划控制及进度检测的实施手册。

b.在计划控制和进度检测中，全面体现"系统化、数量化、标准化"的原则，做到计划的层次清楚，职责分明，使计划管理工作从静态变为动态，定性描述变成定量化，提高其预见性，达到降低进度风险的目的。

c.全面实行以施工工序比重为基础的进度检测。在计划管理工作中，所有施工活动均要按工序比重进行进度检测。检测结果及时报送监理工程师进行核查。

d.除按照有关规定上报日常各种计划报表外，按期向甲方和监理工程师提供完整的月进展报告。

⑤ 施工计划的控制

a.项目总体实施计划的编制。在项目施工总体统筹计划的基础上，按照项目分区管理原则，在合同签订后编制完整的项目工程实施计划和工程施工周期内各种实施计划。此类计划编制深度，达到专业级或分项活动级。

b.在项目总体实施计划的基础上，进一步编制基层使用的执行用作业计划，主要包括月执行计划、周作业计划、管道施工阶段用日 DB 量作业计划，且月、周计划均采用三期滚动。月计划编制深度分部分项级（五级），重要部位到工序级。周计划编制深度到工序级。

⑥ 进度控制与检测

a.进度控制。进度控制在整个施工过程中，对确保工期有着非常重要的地位。在工程施工过程中，进度动态以实际进度统计为依据，从确定进度偏差开始，到制订纠正偏差措施，进行纠正偏差活动，以下一次实际进度统计为结束，形成一个固定的周期性的循环过程（图8-2）。

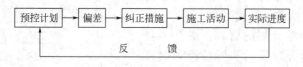

图 8-2　进度控制流程

第一步，要有准确的进度统计，真实地反映现场的实际进度，应用进度控制数学模型，绘制时间与完成加权值的关系曲线。曲线分总控制曲线和各专业进度控制曲线。

第二步，要正确确定偏差。实际进度与预控进度进行比较，确定偏差。确定的偏差不但有量的概念，而且有形象概念。偏差的形象概念要详细到分项工程，甚至每个工序，提前或拖后多少天，为制订纠偏措施提供依据。

第三步，要正确分析偏差原因，分清是内部原因还是外部原因。内部原因通常是计划安排不严格，交叉作业不协调，机具调度不合理，劳动力不足，遇到技术难题、安全质量事故等由于内部原因造成的偏差，由公司项目部协调解决。外部原因除通常的设计或供料滞后外，还可能是同其他施工单位间的衔接事宜，要分析清楚，并请甲方或监理单位协调解决。

　　第四步，根据偏差原因制订纠偏计划，即更新计划，以使工序作业交叉等更为合理，并及时解决执行更新计划中的问题，顺利实现更新计划。这一步完成后又回到下一步进度统计，如此循环往复进行，实现计划的动态管理。

　　b.进度检测。施工进度检测数据的采集、传递是编制进度报告的基础。检测数据必须来自施工现场的最基层单位，从活动代码的最低层（工序级）采集。其步骤如下：

　　第一步，由技术员到施工班组采集分项工程达到的形象进度，技术员将采集来的实物量及达到的形象进度整理后交统计员汇总，审核后报项目部；

　　第二步，项目部计划统计员将传递来的实物量、形象进度的基础数据按工序比重、工程量加权平均汇总，并输入计算机，经项目经理审定后报甲方和监理单位。

　　数据采集传递流程如图 8-3 所示。

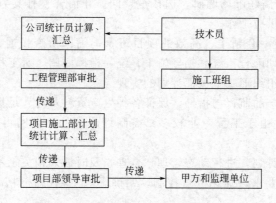

图 8-3　数据采集传递流程

8.3.3　施工组织与安排及保证措施

　　施工中遵循"先地下，后地上；先结构，后装修；土建、安装齐头并进"的原则，根据现场及施工特点，组织管理人员及劳动力、材料、机械资源，在项目部统一安排下施工。

　　(1) 进度计划

　　以 50MWp 光伏发电工程为例，施工准备阶段为 36 天，进场后前期工作共 68 天，基础土建阶段共 60 天，机电设备安装 60 天，调试并网试运行为 29 天，采用交叉作业的方式。

　　(2) 基础施工

　　采用螺旋桩基和混凝土基础。

　　(3) 土建施工

　　混凝土工程：钢筋现场加工制作，上楼绑扎。模板采用九合板模板体系。钢筋、模板、砌筑砂浆、砌体用物料的垂直运输均采用井架。钢结构部分由专业厂家生产施工。

　　(4) 装饰施工

　　利用双排落地脚手架进行外装饰施工，砂浆集中搅拌，垂直运输用物料井架提升机完成。

　　(5) 安装施工

　　安装工程是主脉络，应该认真按质施工，电气按埋线留盒、穿线配盘、器具安装的次序施工，并认真做好各项调试的检查工作。

　　(6) 文明施工

　　施工现场悬挂图表标志牌，排挂整齐。施工作业区设临时厕所，定人定时清扫。施工现场道路应该平整硬实，标识安全通道。规定现场各项管理制度，按照标准化进行施工，确保文明安全施工。

(7) 项目管理

由于工期紧，任务重，为了更好地履行合同，项目经理应协调各方面的配合工作，负责施工现场的协调生产及安排劳动力、机械、设备等，确保工程进度；技术负责人，在整个项目的图纸设计、机械施工、设备订货、工程质量上进行把控，确保项目能如期进行。

(8) 施工进度计划保证的具体措施

为保证各阶段目标的实现，除了抓紧进行施工前的各种准备工作之外，应根据现场总平面布置和工程进度计划的安排，尽快创造条件，精心组织，合理安排施工工序，组织各分部分项工程的流水和交叉施工。具体施工措施如下。

① 前期准备　深入搞好市场调研，选择重合同、守信誉、有实力的物资供应商，确保按工程进度做好材料的供应工作。

② 组织措施　组建一套精干、高效的项目班子，确保指令畅通、令行禁止；同甲方、监理工程师和设计方密切配合，统一领导施工，统一指挥协调，对工程进度、质量、安全等方面全面负责，从而在组织形式上保证计划的实现。

加强对项目施工生产的监督与指导，保证各种生产资料及时、足量供给。

③ 技术保证措施　由于工程专业较多，需制订严密的、切实可行的施工计划和施工方案。

制定工期阶段控制计划，进行动态管理，合理、及时插入相关工序，进行流水施工。

根据总进度计划的要求，强化节点控制，明确影响工期的材料、设备、分包商的进场日期。

利用计算机对施工进度计划实行动态管理。

④ 材料保证措施　将施工前期需用的工程材料落实货源，根据工程进度需要随时进场。

⑤ 机械保证措施　为保证施工机械在施工过程中运行的可靠性，要加强管理协调，同时采取以下措施：

a. 加强对设备的维修保养，对机械易损件的采购储存；

b. 对钢筋加工机械、木工机械、焊接设备，落实定期检查制度；

c. 为保证设备运行状态良好，加强现场设备的管理工作；

d. 对工程施工有较大影响的机械设备，制订应急准备计划。

8.4 质量管理

8.4.1 总则

(1) 质量方针

工程进点后，现场项目部将进一步完善质量保证体系，编制详细的质量保证计划，进一步明确各分部分项工程的质量控制措施，加强过程管理，保证项目施工随时处于受控状态，实现工程的质量目标。

(2) 质量验评依据

① 现行规程、规范和规定。

② 业主有关技术质量的要求，不足部分按现行规程、规范和规定进行补充。

8.4.2　质量目标

(1) 建筑工程

单位工程优良率 100%；分项工程优良率≥98%；钢筋焊接一检合格率≥98.5%；混凝土强度合格率 100%；混凝土生产水平优良级。

(2) 安装工程

安装分项工程一次检查合格率 100%，优良率 100%；焊接接头一次检查合格率≥98.5%。

8.4.3　主要人员质量职责

(1) 总指挥

① 对确保工程质量、工期、安全和服务符合要求负责。

② 对项目质量计划在工程施工、管理过程中的有效实施负责，领导建立、完善项目质量保证体系，并使之正常、有效运行。

(2) 项目经理

① 负责行使质量管理和工程质量控制权。

② 负责组织编制和审查施工组织设计，批准一般的施工技术方案和特殊技术措施。

③ 负责组织质量事故的分析处理，确定纠正和预防措施，检验实施效果。

④ 组织贯彻执行技术标准、规范和质量法规，领导项目质量负责人、各专业质量负责人、各施工单位质量负责人的工作。

(3) 项目副经理

① 协助项目总工程师做好项目的质量管理、质量控制工作。

② 负责组织项目质量管理体系的日常运行。

③ 组织编制项目的各种质量文件。

④ 领导各专业、各施工单位质量负责人的工作。

8.4.4　质量控制程序

(1) 组织准备

完善项目质量保证体系，各层次的质量管理人员按时到岗。

(2) 技术准备

① 项目技术总负责人组织编制施工组织设计，配备施工标准、规范、图样和有关技术文件、资料。根据项目要求，任命技术组长。

② 项目技术总负责人组织编制作业指导书编制计划。

③ 项目技术总负责人组织有关人员参加业主组织的综合性设计交底，技术组长负责组织专业技术人员参加专业设计交底。

④ 技术组长组织专业技术人员进行图纸会审，并填写图纸会审记录。专业技术人员编制施工技术方案，对未做过焊接工艺评定的材料，专业技术人员委托焊研中心进行焊接工艺试验。

⑤ 专业技术人员向施工作业人员进行施工方案的交底，并填写技术交底记录。

⑥ 项目技术总负责人确定工程攻关项目，并组织有关专家和技术人员确立攻关方案。

(3) 检验准备

① 项目技术总负责人组织编制质量检验规划，根据项目要求，任命质检组长。

② 项目部质量负责人负责组织编制质量检验方案，并向质检人员交底。

③ 专业技术人员填报无损检测计划表，经质量负责人审查后，交检测实施机构。

(4) 材料准备

① 材料员按合同要求和《物资采购控制程序》《顾客财产控制程序》，做好物资供应准备工作。

② 材料员按《进货检验和试验控制程序》组织对物资进行检验和试验。

(5) 其他准备

① 计划负责人根据合同、图样和设计文件要求，划分分项、分部和单位工程，编制施工生产计划。

② 费控负责人负责组织编制施工图预算。

③ 项目副经理、调度负责人负责组织实施现场规划、临时设施建立完善，组织开工的准备工作。

④ 各施工班组按照施工组织设计和项目生产计划，编制详细的施工进度作业计划，做好劳动力、机具设备的配备。

⑤ 进一步明确各级工程质量保证人员岗位职责和奖罚规定，做到责、权、利明确，充分调动广大施工人员的积极性，提高质量管理水平，保证施工质量。

8.4.5　技术质量控制

① 专业技术人员按施工技术方案指导作业人员施工，并应符合《工程项目技术管理办法》的有关规定。

② 专业技术人员做好工程技术服务，及时解决现场突发性技术问题，遇到重大技术问题及时向项目总工汇报。

③ 施工技术文件未经批准，不得用于施工。施工过程中，经批准的技术文件不得擅自修改，需要修改时，按原审批程序进行审批。图样修改以设计变更单和施工联系单为依据，图纸持有人在图纸上做出更改标记（包括设计变更单或施工联系单号、更改日期、更改签字人）。

④ 质量负责人负责组织工序中间交接和质量检查。在施工过程中，严格实施工序交接制度，检查发现问题及时填写《质量问题通知单》，并对整改情况进行验证。

⑤ 材料员负责组织设备开箱检验，并做好开箱检验记录。

8.4.6　检验质量控制

各级、各单位质量负责人按照施工技术方案、设计图样及施工标准、规范对检、试验报告及现场实际情况，进行跟踪、监督检查并填写质量检查记录，发现问题及时通知检验班组和施工班组处理，并跟踪验证。做好工程质量的预前控制和施工过程质量检查及验收，执行《工程施工检验和试验控制程序》。

8.4.7　施工质量控制

① 作业人员应对施工的每道工序进行自检，并做好自检记录，交质检人员确认。

② 在施工全过程中，执行质量否决权，对不合格的工序，必须返工合格后才能进行下道工序施工。施工员和质检员在施工班组自检的基础上，必须对工序质量进行检查确认，并填写《分项工程质量检验评定表》。

③ 施工单位在施工过程中应执行《设备管理控制程序》，定期对设备进行维护，确保施工现场所用机具、设备能满足施工质量的要求。

④ 施工过程中严格执行《标识和可追溯性控制程序》《工程产品防护控制程序》《监视和测量装置控制程序》《工程/产品监视和测量程序》《不合格产品控制程序》。

⑤ 特殊工种作业人员应具备相应的资格证，由质检人员监督检查。

8.5 主要经济技术指标和资料的整理归档

(1) 施工工期指标

按合同规定工期完成，此工期只能提前，不能推迟。

(2) 工程质量指标

满足业主和质量要求，满足设计及有关规范要求。

(3) 安全生产指标

安全生产指标为：因工死亡率为 0；因工重伤为 0；千人负伤率为 6‰。

(4) 资料整理、归档

① 平时做好隐蔽工程的记录及验收会签手续。

② 做好定期的质量和验收制度及部分分项工程质量评定。

③ 做好质量保证资料及有关部门签名盖章手续。

④ 做好修改、增加项目记录及会签手续。

⑤ 收集齐资料，归纳整理送验归档。

⑥ 整理竣工图纸，编写各系统操作与维修说明书，按业主要求装订出版。

8.6 职业健康安全与环境管理制度和程序

(1) 目的

保护光伏并网发电项目施工现场从业人员安全与健康，保护各方财产不受损失，使施工现场达到"生产活动有序，工作环境整洁，人身、设备安全"的局面，满足国家的职业健康安全和环境法律、法规、规范和标准。

(2) 职责

① 项目经理对执行本程序负总责。

② 施工经理/HSE 工程师负责本程序的编写、修订和监督执行。

③ 分包商对具体落实本程序相关安全措施负责。

(3) 内容与要求

① 施工安全管理目标

➢ 不发生因工人身死亡事故。

➢ 不发生重大火灾、爆炸事故。

➢ 不发生重大机械设备、压力容器爆炸损坏事故。

➢ 不发生重大交通事故。

➢ 不发生群伤恶性事故。

➢ 不发生触电伤亡事故。

➢ 杜绝在同一现场发生性质相同的重大事故。

- 年因工轻伤负伤率<3‰。
- 不发生恶性调试误操作事故。

② 施工环境管理目标

- 不发生重大环境污染事故。
- 保护环境，减少粉尘的排放污染，达标排放。
- 加强对施工现场噪声控制，使其影响降至最小，达标排放。
- 生产、生活污水（污染物）100%达标排放。
- 最大限度地减少废油、废液排放，要经过处理达标后才允许排放。
- 固体废弃物的回收率、收集处理率保持为100%。
- 大力推广运用科学技术，采取有效措施，节约资源消耗。
- 保护自然生态环境，不乱砍滥伐，不破坏物质文化遗产，不伤害珍稀动植物。

③ 施工职业健康管理目标

- 不发生群体职业病和职业中毒事故。
- 杜绝探伤辐射事故，探伤辐射事故为“零”。
- 不发生群体食物中毒事故。
- 不发生流行性传染病（无甲型传染病，其他常见传染病未形成多人同时患病）。

(4) 职业健康安全与管理体系组织机构

职业健康安全与管理体系组织机构如图8-4所示。

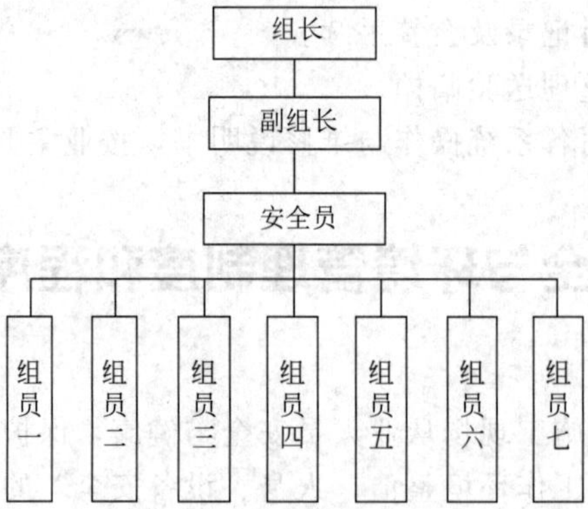

图8-4 职业健康安全与管理体系组织机构

(5) 危险源辨识、风险评价和应急预案

为了贯彻“安全第一、预防为主”的安全生产方针，根据《建设工程安全生产管理条例》第49条的规定：“施工单位应当根据建设工程施工的特点、范围，对施工现场易发生重大事故的部位、环节进行监控，制定施工现场生产安全事故应急救援预案。”也就是说各施工企业应根据本企业的施工特点，依据承包工程的类型、特征、规模及自身管理水平等情况，辨识出危险源进行监控，预防事故的发生。

危险源一般是指一个施工项目整个系统中具有潜在能量和物质释放危险，在一定的触发因素作用下可转化为事故的部位、区域、场所、空间、设备及其位置，也是可能导致死亡、伤害、职业病、财产损失、工作环境破坏或上述情况的组合所形成的根源或状态。通过对整个施工现场、施工过程的分析，界定出危险源，如施工现场、施工过程中施工区域、施工环境、设备、人员等，分析其危险性质、危险程度、存在状况，危险源能量与物质转化为事故的转化过程规律、转化条件、触发因素，通过有效控制能量和物质的转化，使危险源不至于转化为事故，也就是说事故和导致事故发生的各种危险源之间存在着依存关系，危险源是原因，事故是结果。通过分析原因到结果的途径，揭示其内在联系和相互关系，才能得出正确的分析结论，才能采取恰当的安全对策措施。

施工现场必须根据工程对象的特点和条件，充分识别各个施工阶段、部位和场所需控制的危险源。识别方法可采用直观经验法、专家调查法、安全检查法等。危险源确定程序如下。

① 找出可能引发事故的生产材料、物品、某个系统、生产过程、设施或设备、各种能源（如电磁、射线等）及进入施工现场所有人员的活动。

② 对危险源辨识找出的因素进行分析。分析可能发生事故的结果，分析可能引发事故的原因。

③ 将危险源分出层次，找出最危险的关键单元。

④ 确定是否属于"重大危险源"。通过对危险源伤害范围、性质和时效性的分析，将其中导致事故发生的可能性较大且事故发生后会造成严重后果的危险源定义为重大危险源。如现场可能引起高处坠落、物体打击、坍塌、触电、中毒，以及其他群体伤害事故状态的深基坑开挖与支护、脚手架搭拆、模板支架搭拆、大型机械装拆及作业、结构施工中临边与洞口防护、地下工程作业、消防、职业健康和交通运输等施工活动，作为重大危险源进行监控。

⑤ 对"重大危险源"要进行"危险性评价"和"事故严重度评价"。评价时要考虑三种时态（过去、现在、将来）、三种状态（正常、异常、紧急）情况下的危险，通过半定量的评价方法分析导致事故发生的可能性和后果，确定危险大小。

⑥ 确定危险源。按危险性大小依次确定危险源的顺序。

施工现场危险源确定后，根据其可能导致事故的途径，采取有针对性、可操作性且经济合理的安全措施对策，预防事故发生。安全措施对策包括安全技术措施对策和安全管理措施对策。

安全技术措施对策，包括施工现场广泛采用机械化施工工艺、自动化生产装置和自动化监测及安全保护装置、安全防护设施，这些技术措施都能有效地保护作业人员劳动过程中的人身安全和身体健康。

安全管理措施对策，包括建立健全安全生产责任制度，完善机构和人员配置，加强安全培训教育和考核，保证安全生产资金的投入，坚持安全设施"三同时"原则，对安全生产实施安全监督和日常检查，编制施工组织设计、专项施工方案或专项安全技术措施及各种操作规程，包括应急救援预案等。

"预防为主"是安全生产的原则，然而无论预防工作如何严密，伤亡事故总是难以从根本上避免。为了避免或减少伤亡事故的损失，从容应付紧急情况，需要严密的应急计划、完善的应急组织、精干的应急队伍、灵活的报警系统和完备的应急救援设施。"事故应急救援预案"则涵盖了"事故预防、应急处理、抢险救援"这三部分内容。它是施工现场一旦发生安全事故，减少人员伤亡、降低财产损失的一项有效的安全措施对策。

8.7 环境因素识别、环境因素评价、应急准备和相应措施

(1) 目的

对企业生产、产品、服务中能够控制的和可能施加影响的环境因素进行识别，评价出重

要环境因素，为本企业环境目标、指标、环境管理方案的制订提供依据。

(2) 职责

① 各部门负责调查、评价本部门的环境因素，并填写环境因素调查表。

② 质安部负责把所涉及的环境因素编制成清单下发给各部门，各部门根据各自的地理环境、活动/服务范围、能源/资源种类等，再调查各自的环境因素，经确认汇总、登记后再进行重大环境因素的评价工作。

③ 管理者代表负责对企业重大环境因素清单和管理方案的审核。

8.7.1　环境因素识别

① 环境因素为凡对大气、水、资源、土地等产生污染的因素。

② 应考虑产品生命周期全过程。

③ 识别环境因素时应考虑覆盖三种时态、三种状态和七个方面，即过去时态、现在时态、将来时态；正常状态、异常状态、紧急状态；排水、粉尘排放、废物管理、原材料与自然资源的使用消耗和浪费、对社区的影响（噪声、火灾、爆炸等）、当地其他环境和社区问题、土地污染。

④ 识别环境因素时，下列几种方法可联合使用：

a. 调查法；

b. 现场观察法；

c. 排查法；

d. 过程分析法；

e. 物料测算法；

f. 专家咨询法；

g. 测量法；

h. 查阅文件记录法。

⑤ 工作时，应将本部门的活动、产品和服务进行分析，各方面环境问题尽量全面地识别出来，主要包括以下方面：

a. 噪声，包括施工机械噪声、土方施工车辆噪声等；

b. 废水，包括建筑生产废水、生活废水；

c. 废气，包括汽车、机械、化学物品挥发的有毒有害气体；

d. 固体废弃物，包括生活垃圾、生产垃圾（包括有毒有害、无毒无害、可回收和不可回收）；

e. 扬尘，包括施工扬尘、施工场地自然扬尘；

f. 资源能源浪费，包括水、电、油、原材料等；

g. 潜在泄漏，包括化学品泄漏、油泄漏、气体泄漏；

h. 潜在火灾、爆炸，包括乙炔、炸药、油漆、木材等。

⑥ 各部门将环境因素调查表交质安部，质安部对各部门已识别出的环境因素进行分类、登记、核定和汇总，为环境因素评价提供依据。

8.7.2　重要环境因素评价

重要环境因素是具有或可能具有重大环境影响的因素。评价重要环境因素是在识别环境因素的基础上，明确管理重点和改进要求的过程。

(1) 重大环境因素的评价依据

① 有关标准、法律法规要求。

② 发生的频率。

③ 环境影响的规模。

④ 环境影响的时间。

⑤ 相关方关注的程度，包括对企业及产品形象的影响程度。

⑥ 潜在的环境风险和存在的安全隐患。

⑦ 环境因素所产生环境影响的严重程度。

(2) 重大环境因素评价方法

为保证评价的科学性和合理性，由管理者代表和质安部一起研究，拟出相关人员组成的重大环境因素评价小组，进行重大环境因素的评价工作：

① 跟踪环境影响，从发现的重大环境影响跟踪出重大环境因素；

② 是非判断法；

③ 排放量对比法；

④ 频率对比法；

⑤ 相关方有合理投诉法；

⑥ 环境法律法规制约法；

⑦ 水平对比法（同行业、同类部门之间的对比）；

⑧ 纵向对比法（自我和历史对比）；

⑨ 资源、能源消耗存在严重浪费对比法。

(3) 评价

对识别出的环境因素，采用重大环境因素评价打分法。对公司的环境因素，若出现影响全国范围、社区强烈关注、相关方的合理抱怨、违反环保法律法规及其他要求等任一方面，要把它确定为重大环境因素。

8.7.3　对污染源的评价

污染源包括粉尘、废气、废弃物、废水、光污染、有害化学品、噪声等。

① 判断企业的活动、产品或服务所造成的环境影响的规模和范围，以 A 表示其分值（表 8-1）。

表 8-1　A 分值对环境影响的严重程度

范围	超出社区	社区内	场界内
A 分值	5	3	1

② 判断环境影响的严重程度，是指容易对员工及社区居民造成较大伤害，甚至危及人

类健康及生命的，以 B 表示其分值（表 8-2）。

表 8-2　B 分值对环境影响的严重程度

严重程度	严重	一般	轻微
B 分值	5	3	1

③ 判断环境影响的发生频率，以 C 表示其分值（表 8-3）。

表 8-3　C 分值对环境影响的严重程度

发生频率	持续发生	间歇发生	偶然发生
C 分值	5	3	1

④ 法律法规及其他要求的遵循情况及标准要求，以 D 表示其分值（表 8-4）。

表 8-4　D 分值对环境影响的严重程度

遵循情况	超标	接近超准	未超标准
D 分值	5	3	1

⑤ 环境影响的社区关注度，对相关方的影响、抱怨程度及合理要求，以 E 表示其分值（表 8-5）。

表 8-5　E 分值对环境影响的严重程度

程度	严重	中等	轻微
E 分值	5	3	1

以上各项分值总和大于或等于 14，则评价为重大环境因素。当 A、B 和 D 分值等于 5 时，也评价为重大环境因素。

8.7.4　能源、资源消耗评价法

① 人均产值（年）消耗量，以 F 表示其分值（表 8-6）。

表 8-6　F 分值对环境影响的严重程度

消耗量	大	中	小
F 分值	5	3	1

② 可节约程度，以 G 表示其分值（表 8-7）。

表 8-7　G 分值对环境影响的严重程度

节约程度	加强管理可明显见效	改变工艺可明显见效	较难节约
G 分值	5	3	1

当 F 和 G 分值等于 5 或两项分值和大于 7 时，确定为重大环境因素。

评价小组经过认真评价，提出"重大环境因素清单"，经过质安部审核，管理者代表批准，并由质安部汇总、备案、管理。

8.7.5 环境因素的管理

各部门应对本部门的重大环境因素，主要实行"排减法"和"能源化法"制订方案和运行控制管理，方案经部门经理签发上报。

① 排减法，是指对不能回收的资源和能源以最低限度使用，以达到减少环境因素排放量的目的。如废水、废气、噪声、灰尘，减少有放射性的材料使用、木材的消耗、电能的消耗等。

② 能源化法，是指对可以回收再次利用的资源和能源的废弃物收集再次利用，以达到减少环境污染排放量的目的。如纸张、废金属、废油、施工用水等。

③ 废弃物应分类存放和处理。

8.7.6 环境因素的更新

随着环境管理体系的运行和内外部情况的改变，各部门的建议和相关方的要求应进行更新。

每年在管理评审之前，质安部对环境因素进行识别和评价，在发生以下情况时，应对环境因素进行必要的调整和更新：

① 法律法规标准及其他要求发生变化时；

② 制订目标、指标及方案时发现原来识别的环境因素不够深入，需要进一步更新识别时；

③ 相关方提出合理诉求时。

质安部汇报整理相应更新"环境因素清单""重要环境因素清单"，经管理者代表审核，最高管理者批准，并由质安部发放至各部门。

8.7.7 施工现场应急（触电）预案

（1）目的

为及时、有效地抢救伤员，防止事故的扩大，减少经济损失。

（2）组织网络及职责

由项目负责人、安全员、技术负责人、电工等成立应急小组。项目负责人任应急小组组长。

（3）应急措施

① 现场人员应首先迅速拉闸断电，尽可能地立即切断总电源（关闭电路），亦可用现场得到的干燥木棒或绳子等非导电体移开电线或电器。

② 将伤员立即脱离危险地方，组织人员进行抢救。

③ 若发现触电者呼吸停止或呼吸、心跳均停止，则将伤员仰卧在平地上或平板上，立即进行人工呼吸或同时进行体外心脏按压。

④ 立即拨打120救护中心与医院取得联系（医院在附近的直接送往医院），应详细说明事故地点、严重程度，并派人到路口接应。

⑤ 通知有关现场负责人。

（4）应急物资

常备药品：消毒用品、急救物品（绷带、无菌敷料）及各种常用小夹板、担架、止血袋、氧气袋。

8.7.8 高处坠落、机械伤害事故的现场应急预案

(1) 目的

规定高处坠落、机械伤害事件发生时应急响应的途径，以保证当高处坠落、机械伤害事件发生时，采取积极的措施保护伤员生命，减轻伤情，减少痛苦，最大限度地减轻事故所带来的伤害。

高处坠落、机械伤害急救必须分秒必争，立即采取止血及其他救护措施，并尽可能使伤者保持清醒，同时及早地与当地医疗部门联系，争取医务人员迅速及时赶往发生地，接替救治工作。在医务人员未接替救治前，现场救治人员不应放弃现场抢救，更不能只根据没有呼吸或脉搏擅自判断伤员死亡，放弃抢救。

(2) 职责

① 质量安全办公室负责。

② 组织编制高处坠落、机械伤害等紧急情况发生时的应急和响应方案，制订应急演练计划并组织实施与评审，确保应急预案的有效性和适用性。

③ 负责应急措施预案所形成的文件的管理（包括文件的修改工作）与发放。

④ 紧急情况发生时，负责急救工作的指挥与调度，落实后勤工作，协助事故处理与调查。

⑤ 人力资源办公室按照质量安全办公室的安排，制订培训计划，使相关人员熟悉应急准备与响应要求方面的作用和职责。

⑥ 按照质量安全办公室制订的演练计划，进行应急演练，并在演练之后评价演练的效果，提出改进意见。

⑦ 在紧急情况发生时，按照预案规定的程序及时地做出响应，并在事故后组织评价响应的效果，提出修改意见。

8.8 设备安装调试控制措施

8.8.1 运输要求

盘、柜等在搬运和安装时应采取防振、防潮、防止框架变形和漆面受损等安全措施，必要时可将组装性质的设备和易损元件拆下，单独包装运输。

8.8.2 建筑要求

屋顶、楼板施工完毕，不得渗漏。结束室内地面工作，室内沟道无积水、杂物。预埋件及预留孔符合设计，预埋件应牢固。门窗安装完毕。

基础型钢的安装应符合下列要求。

① 允许偏差应符合下述规定：垂直度、水平度允许偏差都不能超过1mm/m；全长误差不能超过5mm；位置误差及不平行度不超过5mm。

② 基础型钢安装后，其顶部宜高出抹平地面10mm。手车式成套柜按产品技术要求执行。基础型钢应有明显的可靠接地。盘、柜安装在振动场所，应按设计要求采取防振措施。盘、柜内设备与各构件间连接应牢固。定位放线壳体，安装壳体接地箱内接线交工。盘、柜单独或成列安装时，其垂直度、水平偏差以及盘、柜偏差和盘、柜间接缝的允许偏差应符合下列规定：项目允许偏差垂直度（每米）<1.5mm；水平偏差相邻两盘顶部<2mm；成列盘顶部位<5mm；盘面偏差相邻两边<1mm；成列盘面<5mm；盘间接缝<2mm。端子

箱安装应牢固，封闭良好，并应能防潮、防尘，安装的位置应便于检查。成列安装时，应排列整齐。盘、柜、台、箱的接地应牢固良好。装有电器的可开启的门，应以裸铜软线与接地的金属构架可靠地连接；盘、柜的漆层应完整、无损伤，固定电器的支架等应刷漆，安装于同一室内且经常监视的盘、柜，其盘面颜色宜和谐一致。

在验收时，应提交下列资料和文件：

①　工程竣工图；

②　变更证明文件；

③　制造厂提供的产品说明书、调试大纲、试验记录、合格证件及安装图纸等技术文件；

④　根据合同提供的备品备件清单；

⑤　安装技术记录；

⑥　调整试验记录。

8.8.3　质量要求

①　电缆桥架安装前，应与土建专业协调好位置，首先进行放线定位。垂直安装时，其固定点间距不宜大于 2m。

②　吊架、支架安装结束后，进行托臂安装。托臂与吊支架之间使用专用连接片固定，以保证支架与桥架本体之间保持垂直，不会受重力作用发生倾斜下垂，再安装桥架本体。桥架本体应使用专业连接板连接固定，并用专业固定螺栓将桥身固定在基础上，以防桥架滑脱。

③　电缆桥架（托盘）水平安装时的距地高度一般不宜低于 2.5m。垂直安装时距地1.8m 以下部分应加金属盖板保护，敷设在电气专业用房间（如配电房、电气竖井、技术层等）内时除外。

④　电缆桥架水平安装时，宜按荷载曲线选取最佳跨距进行支撑固定。几组电缆桥架在同一高度平行安装时，各相邻电缆桥架间应考虑维护、检修距离。

⑤　在电缆桥架上可以无间距敷设电缆。电缆在桥架内横断面的填充率，电力电缆不应大于 40%，控制电缆不应大于 50%。

电线、电缆敷设和电线、电缆的连接应满足下列要求。

a. 导线在箱、盒内的连接宜采用压接法，可使用接线端子及铜（铝）套管、线夹等连接，铜芯导线也可采用缠绕后搪锡的方法连接。单股铝芯线宜采用绝缘螺旋接线钮连接，禁止使用熔焊连接。

b. 导线与电气器具端子间的连接：

单股铜（铝）芯及导线截面为 $2.5mm^2$ 及以下的多股铜芯导线可直接连接；

多股铜芯导线的线芯应先拧紧，搪锡后再连接；

多股铜芯导线及导线截面超过 $2.5mm^2$ 的多铜芯导线，应压压接端子后再与电气器具的端子连接，设备自带插接式的端子除外。

c. 铜、铝导线相连接应有可靠的过渡措施，可使用铜铝过渡端子、铜铝过渡套管、铜铝过渡线夹等连接，铜、铝端子相连接时应将铜接线端子做搪锡处理。

d. 使用压接法连接导线时，接线端子铜（铝）套管、压模的规格与线芯截面相符合。

e. 铜芯导线及铜接线端子搪锡时不应使用酸性焊剂。

线路中绝缘导体或裸导体的颜色标记：

a. 交流三相电路，L1 相为黄色，L2 相为绿色，L3 相为红色，中性线为淡蓝色，保护地线（PE 线）为黄绿相间颜色；

b. 绿黄双色线只用于标记保护接地，不能用于其他目的，淡蓝色只用于中性或中间线；

c.颜色标志可用规定的颜色或用绝缘导体的绝缘颜色标记在导体的全部长度上,也可标记在所选择的易识别的位置上,如端部可接触到的部位。

8.8.4 敷设电线、电缆的注意事项

① 敷设前应按设计和实际路径计算每根电缆长度,合理安排每盘电缆,减少电缆接头。

② 在带电区域内敷设电缆,应有可靠的安全措施。

③ 电力电缆在终端与接头附近宜留有备用长度。

④ 电缆的最小弯曲半径应符合下列规定数值:电缆形式多芯单芯控制电缆 $10D$;聚氯乙烯绝缘电力电缆 $10D$;交联聚乙烯绝缘电力电缆 $15D$、$20D$(D 为电缆外径)。

⑤ 电缆敷设时,电缆应从盘的上端引出,不应使电缆在支架上及地面摩擦拖拉。

⑥ 电缆上不得有铠装压扁、电缆绞拧、护层折裂等未消除的机械损伤。

⑦ 电力电缆接头的布置应符合下列要求:

a.并列敷设的电缆,其接头的位置应相互错开;

b.电缆明敷时的接头,应用托板托置固定。

⑧ 电缆敷设时应排列整齐,不宜交叉,应加以固定,并及时装设标志牌。

⑨ 标志牌的装设应符合下列要求:

a.在电缆终端头、电缆接头、拐弯处、夹层内、隧道及竖井的两端、人井内,电缆上应装设标志牌;

b.标志牌上应注明线路编号,当无编号时,应写明电缆型号、规格及起讫地点,并联使用的电缆应有顺序号,标志牌的字迹应清晰不易脱落;

c.标志牌规格应统一,标志牌应能防腐,挂装应牢固。

8.8.5 接地

为保证人身安全,所有电气设备外壳都应接至专设的接地干线。

太阳能方阵的接地:

① 每隔 10～15m,用黄绿线和支架相连接;

② 每排方阵的边缘采用 25mm×3mm 镀锌扁铁,用焊接的方式与支架连接;

③ 方阵与方阵支架的连接采用 25mm×3mm 镀锌扁铁焊接的方式相连接,然后所有的接地扁铁汇总后,多点连接到建筑物原有的防雷接地网上。

8.8.6 二次接线工艺要求

(1) 盘内配线的一般要求

① 盘内配线,除设计图纸另有要求外,一般均选用 $1.5mm^2$ 单根(如系多股软线,可为 $1.0mm^2$)铜芯塑料线或腊克线。当导线的一端被连接到一个可动的部分时,应使用多股软线(截面为 $2.5～4mm^2$)。同一盘内的导线颜色应尽量一致(如以颜色区分回路或电压时,另作别论)。

② 盘内各电器之间一般不经过接线端子而用导线直接连接,同时绝缘导线本身不应有接头。当需要随时接入试验仪表仪器时,则应经过试验型端子连接。

③ 盘内各电器与盘外设备的连接必须通过端子排。端子排与盘面电器的连接线一般由端子排的里侧(端子排竖放时)或上侧(端子排横放时)引出;端子排与盘外设备、盘后附件、小母线等的连接线(或引出线)一般由端子排的外侧(端子排竖放时)或下侧(端子排

横装时）引出。

④ 盘内同一走向的导线都要排成线束，应统一下料，一次排成，切勿逐根增添，以保持走线整齐美观。配线的走向应力求简洁明显，又必须保持横平竖直，尽量减少交叉连接。下料前要将线束敷设路径设计好，并在盘后添设固定线束卡子用的铁件等。实践证明，线束过细或单线布置，是不易做到整齐的。

⑤ 盘上同一排电器的连接线都应汇集到同一水平线束上，然后转变成垂直线束，再与下一排电器连接线所汇集的水平线束相汇集，又成为一个较粗的垂直线束，以此类推，构成了盘内的集中布线。当总线束走至端子排区域时，又按上述相反次序逐步分散至各排端子排上。

⑥ 每一个连接端子一般只连接两根导线，即上下侧（或里外侧）各一根。当端子的任一侧螺钉下必须压入 2 根导线时，两导线间必须加装一垫圈。端子任一侧螺钉下不准压入 3 根及以上导线。此时可增设连接型端子，将导线分散在两个或数个端子上。

(2) 配线

① 配线前，可用一根旧导线或细铁丝，依下线次序，按盘上电器位置，量出每一根连接导线的实际长度，割切引线段（稍留部分裕度）。

② 下线后，导线须经平直，可用浸石蜡的抹布拉直导线，也可用张紧的办法使导线拉直。

③ 在平直好的两端拴上写有导线标号的临时标志牌或正式标志头。然后按盘上电器的排列编成线束，线束可绑成圆形或长方形。

④ 编制线束时，最好在地上或桌上画出盘内电器布置的大样图（桌面上可适当敲上几个铁钉作为标志），然后从线束末端电器或从端子排位置开始，按接线端子的实际接线位置，顺序逐个向另一排编排，边排边做绑扎。排线时应保持线束横平竖直。当交叉不可避免时，在穿插处应使少数导线在多数导线上跨过，并且尽量使交叉集中在一、两个较隐蔽的地方，或把较长、较整齐的线排在最外层，把交叉处遮盖起来，使之整齐美观。

⑤ 线束分支时，必须先卡固线束，从弯曲的里侧到外侧依次弯曲，逐根贴紧。仍应保持横平竖直，弧度一致，导线相互紧靠，每一转角处都要经过绑扎卡固。导线的煨弯不允许使用尖嘴钳、克丝钳等有锐边尖角的工具，应使用手指或弯线钳进行（弯曲半径不应小于导线外径的 3 倍）。

⑥ 为了简化配线工作，目前常采用将导线敷设在预先制成的线槽内。将先由布带等绑扎好的线束放入线槽，接至端子排的导线由线槽侧面的穿线孔眼中引出。有时，线束也可以敷设在螺旋状软塑料管内，施工亦较方便。

⑦ 当部分仪表和二次元件安装在配电盘门上时，就会遇到二次配线从固定部分到活动部分的延伸。可在盘的固定和活动部分距门边 50～70mm 处，分别设置垂直布置的端子排，将它与同侧的电器间用导线连接起来；在延伸地点端子排之间，则用截面为 $2.5\sim4mm^2$ 的绝缘软线做成柔软的跨接式配线。软导线的长度应适当留有裕度，使盘门开关不被拉紧。在不经常开启的控制屏（台）及配电盘门的转接处，亦可不专门设置过渡端子排，而将软导线束在转动交接处两侧用卡子固定。

(3) 导线的分列

导线分列时，应使引至端子上的线端留有一个弹性弯，以免线端或端子受到额外应力。

导线的分列形式一般有以下几种。

① 单层导线的分列　当接线端子数量不多，位置较宽时，可采用这种方式。分列时，一般从端子排的任一端开始，先将导线接至端子上，然后按顺序将导线逐根地接向相应端子。连接时应注意各个弹性弯高度保持一致，导线顺序应整齐。

② 多层导线的排列　在位置较窄或导线较多的情况下，可采用多层分列的方式。

③ 导线的"扇形"分列　在不复杂的单层或双层配线时，也可采用"扇形"分列法。这种方式应注意导线的校直，连接时应首先将两侧最外层的导线固定好，然后逐步接向中间。注意所有导线的弯曲应一致。

(4) 接线

① 首先按导线接至端子排上所需的实际长度加上考虑煨圈的需用量截断导线。用尖嘴钳按顺时针方向煨成内径比端子接线螺钉外径大 0.5～1mm 的圆圈，圆圈的开始弯曲部分距标志头应有 2mm 间隙。多股导线煨圈前应先拧紧，最好再挂上一层焊锡，然后煨圈并卡入梅花垫（也可采用压接式线鼻子）。

② 导线接到端子上，应使圆圈的弯曲方向与拧紧螺钉的方向一致。

③ 拧紧时要用力合适，拧紧到接触面无松动时即可，以免扭坏丝扣或损坏端子。接完线后，从垂直于端子的方向看去，导线的导体不应有外露部分。

④ 对插接式接线端子，导线端部剥去绝缘层（剥去长度约为插接式端子长度的 1/2）后，即能直接插入端子的插线孔中，利用端子的压紧螺钉压紧。接线后，导线标志头与端子应有约 1～2mm 的间隙。注意不应将导线的绝缘层插入端子的插线孔内，导线也不应插入端子过少。

⑤ 当电器端子为焊接型时，应采用电烙铁进行锡焊。焊接时应先用小刀把焊接件表面的污垢和氧化层刮去，露出发光泽的金属表面。焊接晶体管的引线时，烙铁的功率应小，焊接动作要快。使用烙铁时要防止触电、烫伤或引起火灾。

接线完成后，还应把全部接线进行一次校对。确认无误后即可拆除临时线卡、临时标志牌等，排齐导线和线束，固定合适，并补贴和补写标签和标号，进行清理和修饰工作。

当一根控制电缆的芯数需要接到一块盘（箱、柜）的两侧端子排时，一般应在盘的一侧加设过渡端子排，然后再另敷短电缆引渡到另一侧的端子排上。

现行国家有关规范、规程和标准如下。

电气仪表安装工程验收规范

① 《电气装置安装工程电缆线路施工及验收规范》GB 50168—2006

② 《电气装置安装工程　接地装置施工及验收规范》GB 50169—2016

③ 《电气装置安装工程　低压电器施工及验收规范》GB 50254—2014

④ 《电气装置安装工程　爆炸和火灾危险环境电气装置施工及验收规范》GB 50257—2014

⑤ 《爆炸危险场所电气安全规程》

质量检验评定标准

① 《建筑工程施工质量验收统一标准》GB 50300—2013

② 《建筑给排水及采暖工程施工质量验收规范》GB 50242—2002

③ 《建筑电气工程质量验收规范》GB 50303—2015

④ 《建筑工程施工质量统一标准》GB 50300—2013

⑤ 《施工现场临时用电安全技术规范》JGJ 46—2015

⑥ 《建筑机械使用安全技术规程》JGJ 33—2012

⑦ 《建筑施工高处作业安全技术规范》JGJ 80—2016

⑧ 《机械设备安装工程施工及验收通用规范》GB 50231—2009

⑨ 《太阳光伏电源系统安装工程施工及验收技术规范》（送审稿）

⑩ 《钢结构设计标准》GB 50017—2017

⑪《钢结构工程施工质量验收标准》GB 50205—2020

其他标准

①《建筑工程施工现场供用电安全规范》GB 50194—2014

②《建筑施工安全检查标准》JGJ 59—2011

③《建筑施工高处作业安全技术规范》JGJ 80—2016

8.9 实训 制定 20MWp 光伏系统施工工作方案

(1) 实训目标

① 掌握光伏系统施工方案，包含基本内容。

② 学会进行施工现场平面布置。

③ 学会进行施工用水和消防用水安排。

④ 学会分配施工用电。

⑤ 设计分项工程施工方案。

(2) 实训内容

① 完成 20MWp 光伏系统施工方案框架的设计。

② 完成 20MWp 光伏系统现场、水、电的施工方案设计。

③ 完成混凝土施工、预埋件施工、脚手架施工、太阳能电池板施工、电气工程施工设计。

(3) 实训准备

① 学习 10MW 光伏系统样例工程施工方案。

② 分析讨论样例工程中的实际情况与该实训项目施工条件的异同。

(4) 实训步骤

① 实训题设

a.施工地点地处西北，昼夜温差大，施工场地土质太硬且碎石较多。

b.要求施工中包含 4kW 双轴自动逐日系统 2 个，其余采取固定支架方式安装。

② 进行 20MWp 光伏系统现场、水、电的施工方案设计。

③ 进行 20MWp 光伏系统混凝土施工、预埋件施工、脚手架施工、太阳能电池板施工、电气工程施工设计。

④ 填写实训报告，如表 8-8 所示。

表 8-8 20MWp 光伏系统施工方案设计实训报告

实 训 报 告							
日期		班组		姓名		成绩	
实训项目:20MWp 光伏系统施工方案设计							
技术文件识读:							
接洽用户:							
安装工具、材料的准备:							
20MWp 光伏系统施工方案设计技能训练:							

第 9 章

光伏系统的调试、检查、维护、测量和测试

9.1 工程竣工试运行及检查

（1）试运行调整

太阳能光伏发电系统安装完毕后，需要对整个系统进行试运行调整。在实施之前，应对在功率调节器上设定的并网保护功能额定值进行（2人以上）确认，确认无误后方可进行试运行。试运行必须在非常熟悉设备安装说明书的基础上实施。

（2）竣工检查

太阳能光伏发电系统安装完毕后，需要对整个系统进行试运行检查，确定系统能够长期稳定地正常运行。检查项目及要求按表 9-1 进行。

表 9-1　竣工时检查项目及要求（参考）

项目	内　容		要　求
太阳能电池阵列	目测	表面污垢及破损	无污垢及破损
		外框的破损及变形	外框无破损及变形
		支架的腐蚀与生锈	支架无腐蚀与生锈（无生锈扩展的电镀钢板的端部除外）
		支架的固定	螺栓及螺母无松动并有扭矩确认的标记
		支架接地	配线工程及接地安装可靠
		接线	是否有忘记接线或接线不牢靠、不完整的
		安装基础的损裂	安装基础无损裂和位移
	测定	接地电阻	在 9.3.6 节要求的规定值以内
		支架的固定	螺栓及螺母按规定的扭矩值进行拧紧

续表

项目		内容	要求
接线盒、配电箱	目测	外箱的腐蚀和破损	无腐蚀和破损
		防水处理	接线口用腻子等做防水处理
		配线极性	确保从太阳能电池出来的配线极性正确
		端子螺钉	确认拧紧的螺钉无松动并做拧紧标记
	测定	太阳能电池组件与大地间的绝缘电阻	大于 9.3.4 节表 9-3 的规定值
		各接线盒、配电箱与大地间的绝缘电阻	大于 9.3.4 节表 9-3 的规定值
		开路电压、极性	测量各回路均应符合规定的范围
控制器、功率调节器、逆变器	目测	外形的腐蚀与破损	无腐蚀与破损
		安装	牢固地固定,在设备的周边确保一定的检修空间,避免环境污染的存在,避免结构漏水及被冰雪覆盖的环境
		配线极性	确保各回路极性正确
		端子螺钉的松动	确保端子螺钉无松动并做拧紧标记
		与接地线的连接	确认配线工程及接地安装正确牢固可靠
		独立运行用配线的确认	容量在 15A 以上的配线应采用专用配线
	测定	绝缘电阻	大于 9.3.4 节表 9-3 的规定值
		接地电阻	在 9.3.6 要求的规定值以内
		受电电压	AC 220V±10%
其他	目测	太阳能发电用开关	有"太阳能发电用"标识
		电能计量表	具有防逆向功能,螺钉无松动
		各路控制开关	无进出口搭接现象,螺钉无松动
运行/停止	操作及目测等	保护继电功能的设定	与甲方公司的协定值
		运行	按下运行开关"开"能够运行
		停止	按下停止开关"停"能够停止
		投入、停止的时限动作试验	调节器停止后在规定的时限内自动开始
		独立运行(只限有该功能的系统)	独立运行时,独立运行输出线有电压输出
		显示部件的动作确认	显示部件显示正常
	测定	太阳能电池组件产生电压	太阳能电池组件工作电压在正常值范围内
发电电力	目测	功率调节器的输出	功率调节器运行时,输出电力显示部分符合规定
		电力计量(买电)	剩余电表运转,供给电表停止
		电力计量(购电)	剩余电表停止,供给电表运转

9.2 日常检查与定期检查

(1) 日常检查

日常检查为每个月进行一次外观检查。推荐的项目如表 9-2 所示,当认为有异常情况时,应向专业技术人员求助。

表 9-2　日常检查项目及要求

项目		内　容	要　求
太阳能电池阵列	目测	玻璃表面污垢及破损	无明显污垢及破损
		支架的腐蚀与生锈	支架无腐蚀与生锈(无生锈扩展的电镀钢板的端部除外)
		外部配线的损伤	连接线无损伤
接线盒、配电箱	目测	外箱的腐蚀剂造成破损	无腐蚀剂造成破损
		外部配线的损伤	连接线无损伤
功率调节器	目测	外形的腐蚀与破损	无腐蚀与破损
		外部配线的损伤	连接线无损伤
		通气孔、换气孔确认畅通	确保过滤网无阻塞
		异常声、气味、烟过热	确保无异常声、气味、烟过热
		显示装置	确认显示装置无异常显示
		发电情况	显示装置在发电时无异常显示

(2) 定期检查

定期检查应按照规定的周期定期进行，可委托有资质的专业电气安全检测机构进行检查，1MW 以上的每年检查两次以上。当发现异常情况时应向生产厂家或专业维修部门咨询解决。检查项目原则上应不少于表 9-1 内容，也可由专职受托单位制订后由委托方技术部门核查确认。

9.3　检查与试验方法

9.3.1　外观检查

(1) 太阳能电池组件及阵列的检查

太阳能电池组件在运输过程中因某些原因可能产生破损，在施工时应重视对外观进行检查，因为一旦将太阳能电池组件安装在屋顶上，再要进行详细的检查就困难了，因此根据工程进展状况，在安装前或施工中需要认真对组件的裂纹、缺角、变色等进行检查。还有，对太阳能电池组件表面玻璃的裂纹、划伤、变形等以及密封材料、外框的伤残变形进行检查。

在进行日常检查、定期检查时，对太阳能电池阵列的外观须仔细观察，太阳能电池组件表面有无污垢，表面玻璃有无损伤、变色及落叶等需要认真观察。还有，对支架有无腐蚀、生锈等也要进行仔细观察。对安装在尘土较多场所的太阳能电池组件，还需要进行表面检查和污物清扫。

(2) 配线电缆的检查

光伏发电系统一旦安装完毕，就要进入常年使用阶段，其中的配线、电缆等在工程施工中可能出现碰伤和扭曲，这会导致绝缘电阻及绝缘强度降低。因此，对工程结束后不易检查的部位，在施工过程中要选择适当时机进行检查并记录。在日常检查、定期检查时，可通过外观检查来确认配线有无损坏。

(3) 接线盒、功率调节器的检查

接线盒、功率调节器等电气设备，在运输过程中由于颠簸会使端子产生松动。还有，在工程中现场连接，往往为了试验存在虚接的情况，需要及时解除这种连接。因此，施工后、光伏发电系统运行之前，对电气设备、接线盒等电缆接头等要逐一复查，确认是否连接牢固并进行记录。还需要确认正极（＋或 P 端子）、负极（－或 N 端子）的极性是否正确，以及直流电路和交流电路是否正常连接。对这些的检查确认要给予重视。

在日常检查、定期检查时，可通过外观检查确认端子有无松动和损伤。

（4）蓄电池及其外围设备的检查

对蓄电池和其他外围设备也需要进行上述同样的检查，同时还需要根据设备生产厂家推荐的检查项目和方法进行检查。

9.3.2　运行状况的确认

（1）声音、振动计的检查

对于运行中出现的异常声音、振动、异味，需要特别注意。在非专业人员检查的场合，如有异常情况发生，建议向设备生产厂家或电气安全主管部门进行咨询，要求进行检查。

（2）运行状况检查

住宅用光伏发电系统，多数家庭没有电压表、电流表等测量仪表。现在，小型的检控设备得到了普及，可检测发电电力和发电电量等，如果这些数据与通常情况下的数据有较大变化，建议向设备生产厂家或电气主管部门进行咨询，要求进行检查。另外，产业用光伏发电系统作为自用电气设备的场合较多，需要依赖电气安全主管部门等进行定期运行状况检查。产业用光伏发电系统多设置计量装置，可以对日常运行状况进行监视检查。

（3）蓄电池及其外围设备的检查

同样进行上述检查，同时还需要根据设备生产厂家推荐的检查项目和方法进行检查。

9.3.3　太阳能电池阵列输出功率的检查

为了达到光伏发电系统所需的输出，一般将多个太阳能电池组件串联及并联构成太阳能电池阵列。因此，在安装场地应设有专门接线场所，并对组件的连接情况进行认真检查。还有，在定期检查时，也需要检查太阳能电池阵列的输出，这对找出和发现异常太阳能电池组件和配线连接问题有较大的帮助。

（1）开路电压的检测

测量太阳能电池阵列各组件串的开路电压时，通过开路电压的不稳定性，可以检测出工作异常的组件串、太阳能电池组件以及串联连接的断开故障。例如，太阳能电池阵列的一个组件串存在一个极性接反的太阳能电池组件，那么整个组件串的输出电压比正常接线时的开路电压要低很多。正确接线时的开路电压，可根据说明书或规格表进行确认，即与测定值比较，就可判断是否有极性接错的太阳能电池组件。因日照条件不好，测量的开路电压和说明书中的电压存在差异的场合，只要和别的组件串的测量结果进行比较，就可以判断出有无接错的太阳能电池组件。

测量时应注意以下事项：

① 洗净太阳能电池阵列的表面；

② 各组件串的测量应在日照强度稳定时进行；

③ 为了减少日照强度、温度变化的影响，测量时间应选择在晴天的正午时刻前后 1 小时内进行；

④ 即使在阴雨天，只要是白天，太阳能电池就会有电压，因此，在测量时需要特别注意安全。

测量的器材和步骤如下。

① 实验器材　直流电压表或万用表。

② 开路电压测量电路　按图 9-1 所示进行开路电压测量。

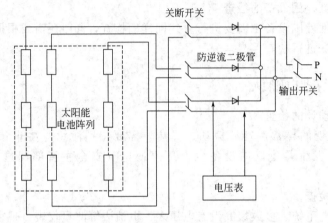

图 9-1　开路电压测量示意图

③ 测量步骤

a. 将接线盒的输出开关置于 OFF 位置。

b. 将接线盒的各组件串的关断开关置于 OFF 位置。

c. 确认各组件没有被阴影遮挡（各组件的日照条件均等，最好在少云时，但尽可能避开早上和晚上）。

d. 将准备测定的组件的关断开关置于 ON 位置，用直流电压表测定各组件串 P-N 端子间的电压。使用万用表时，如误将电表置于测定电流的位置，有短路电流流过的危险，必须充分注意。使用数字万用表时，必须确认好表笔的正负极性。

④ 评价　需要确认各组件串的开路电压值在测量条件下是否符合规定要求（各组件串的电压差，以一组组件开路电压的 1/2 作为标准）。

（2）短路电流的测量

通过测量太阳能电池阵列的短路电流，可以检查出工作异常的太阳能电池组件。由于太阳能电池组件的短路电流随日照强度会发生较大变化，因此根据短路电流的测量值判断有无异常的太阳能电池组件比较困难。但是，如果是同一电路条件下的组串，通过组件之间的相互比较，在一定程度上是可以判断的。故这种测量尽可能在稳定的日照强度条件下进行。

9.3.4　绝缘电阻的测量

为了了解太阳能光伏发电系统各部分的绝缘状态，判断是否可以通电，需进行绝缘电阻测试。绝缘电阻的测试一般是在太阳能光伏发电系统施工安装完毕准备开始运行前、运行过程中的定期检查时以及确定是否出现故障时进行。运行开始时测量的数值将成为日后判断绝缘状态的基础，因此一定要将测试认真记录并妥善保存。

（1）太阳能电池电路

由于太阳能电池在白天始终有电压，测量绝缘电阻时必须注意安全。因此，在现如今没有专属仪器测试之前，建议使用以下方法测量绝缘电阻。

在太阳能电池阵列的输出端多装有防雷击用的放电元件，在测量时，应把这些元件的接地解除。另外，因为湿度、温度也会影响测量绝缘电阻值的结果，在测量时应将当时的温度、湿度及绝缘电阻值一同记录。注意，应避免在阴雨天或雨刚停时进行测量。测试步骤如下。

① 实验设备　采用 500V 级的绝缘电阻表（MΩ 级）、温湿度计、短路开关及老虎夹。

② 电路图　绝缘电阻测试电路如图 9-2 所示。

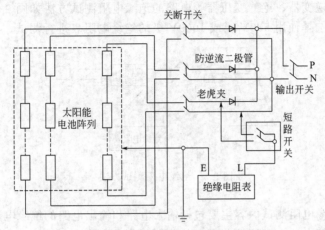

图 9-2　绝缘电阻测试电路示意图

③ 测量步骤

a. 将输出开关置于 OFF 位置。在输出开关的输入部位安装电泳吸收器，将接地侧的端子拆开。

b. 将短路开关置于 OFF 位置。

c. 将所有的组件串的短路开关置于 OFF 位置。

d. 将短路用开关一次侧的（＋）（－）极老虎夹分别卡在太阳能电池侧和关断开关间连接。将组件串的短路开关置于 ON 位置。最后将短路用开关置于 ON 位置。将绝缘电阻表的 E 侧与接地线连接，L 侧与短路用开关的二次侧连接。将绝缘电阻表置于 ON 位置。

e. 测量结束后，必须将短路用开关置于 OFF 位置，将关断开关置于 OFF 位置，最后将连接组件串的老虎夹脱开。这个顺序绝对不能错。关断开关没有切断短路电流的功能，在短路状态下，脱开老虎夹会产生电弧放电，有可能伤及测试者。

f. 电泳吸收器的接地侧端子恢复原状，测量对地电压，确定残留电荷的放电状态。

在有日照时进行测量会有较大短路电流流过，非常危险，在没有准备短路用开关的时候，绝对不能进行测量。还有，在串联的太阳能电池数较多、电压较高的时候，可能会发生难以预料的危险，因此，这种场合不应该进行测量。

按照以上顺序可以测量太阳能电池阵列的绝缘电阻。测量时应把太阳能电池用遮盖物盖上，使太阳能电池的输出电压降低，以便可以进行安全测量。另外，为保证测量结果更准确，将短路用开关和导线用绝缘胶等精心保护，以确保对地绝缘。为保证测试者安全，最好戴上橡胶手套。

测试结果的判定标准如表 9-3 所示。

表 9-3　绝缘电阻的判定标准

输出电压划分		绝缘电阻值/MΩ
300V 以下	对地电压150V 以下的场合(接地场合是指导线和大地间的电压,非接地场合是指导线间的电压)	≥0.1
	150～300V 场合	≥0.2
超过 300V 的场合		≥0.4

（2）控制器电路

　　各种控制器、逆变器、绝缘变压器等电路的绝缘电阻测试方法如图 9-3 所示。根据额定工作电压的不同，选择使用 500V 级或 1000V 级的绝缘电阻表进行测试。

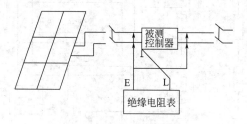

图 9-3　绝缘电阻测试方法

　　各种控制器绝缘电阻测试内容主要包括输入电路和输出电路的绝缘电阻测试。在进行测试时，首先将太阳能电池与汇流箱分离，并分别短路直流输入电路的所有输入端子和交流输出电路的所有输出端子，然后分别测量输入电路与地线间的绝缘电阻和输出电路与地线间的绝缘电阻。绝缘电阻的测定标准仍按表 9-3 执行。

9.3.5　电气绝缘强度测试

　　低压电路的绝缘一般由生产厂家经过充分论证后进行制作。现场通过绝缘电阻测量检查低压电路绝缘的情况较多，因此通常安装现场会省略电气绝缘强度测试。如必须进行时按以下要领实施。

　　太阳能电池电路及控制器电路的测试与前述的绝缘电阻测量相同，将标准太阳能电池阵列的开路电压视为最大使用电压，检测时施加最大使用电压 1.5 倍的直流电压或 1 倍的交流电压（不足 500V 时，按 500V 计）10min，确认是否有绝缘破坏等异常发生。在太阳能电池输出电路上如果接有防雷器件，通常要从绝缘实验的电路中将其脱离。逆变器等控制器件内部有电泳吸收器等接地元件，需要按照厂家的指南进行测量。

9.3.6　接地电阻的测量

　　测量接地电阻时，使用接地电阻表以及接地电极和两块辅助电极。接地电阻的测量方法如图 9-4 所示。测试时要使接地电极与两辅助电极的间隔各为 20m 左右，并形成直线排列。将接地电极接在接地电阻计的 E 端子上，辅助电极接在电阻计的 P 端子和 C 端子上，即可测出接地电阻值。接地电阻计有手摇式、数字式及钳形式等几种，详细使用方法可参考具体机型的使用说明书。

　　接地电阻值随接地电极附近的温度和土壤所含水分的多少而变化，但它的最高值也不应超过规定的临界值。测量结果按表 9-4 进行判定。

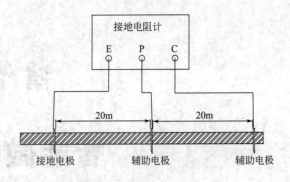

图 9-4　接地电阻的测量方法

表 9-4　接地工程接地电阻检测值

接地工程分类	接地电阻检测值
A 类接地工程	10Ω
B 类接地工程	变压器的高压侧或者特高压侧电路的一线接地电流除以 150 的值等于其电阻值
C 类接地工程	10Ω(在低压电路中,该电路有接地发生时,安装有 0.5s 以内自动切断电路的装置的情况下,500Ω)
D 类接地工程	100Ω(在低压电路中,当该电路有接地发生时,安装有 0.5s 以内自动切断电路的装置的情况下,500Ω)

9.3.7　控制器及并网保护装置的测量

对于有条件的场合,应对控制器及并网保护装置的性能进行全面检测,验证其是否符合国家标准 GB/T 19064 规定的具体要求。

对于一般的离网光伏系统,控制器的主要功能是防止蓄电池过充电和过放电。在与光伏系统连接前,最好先对控制器单独进行测试。可使用合适的直流稳压电源,为控制器的输入端提供稳定的工作电压,并调节电压大小,验证其充满断开、恢复连接及低压断开时的电压是否符合要求。有些控制器具有输出稳压功能,可以在适当的范围改变输入电压,测量输出是否稳定。另外,还要测试控制器的最大自身消耗电能是否满足不超过其额定工作电流的 1% 的要求。

若控制器还具备智能控制、设备保护、数据采集、状态显示、故障报警等功能,也可进行适当的检测。

对于小型光伏系统,其控制器已经在出厂前调试合格,加以确认即可。在运输和安装过程中并无任何损坏的现场,也可不再进行这些测试。

检测中按照国家标准 GB 50794 进行项目交接及相应检测时,必须采用国标 GB 50794 中附录 A、附录 B、附录 C 规定的项目方式进行检测并记录。

第 **10** 章

智能微电网

　　微电网（Micro-Grid，MG）是一种将分布式发电（Distributed Generation，DG）、负荷、储能装置、变流器以及监控保护装置等有机整合在一起的小型发输配电系统。微电网对外是一个整体，通过一个公共连接点（Point of Common Coupling，PCC）与电网相连。凭借微电网的运行控制和能量管理等关键技术，可以实现其并网或孤岛运行，降低间歇性分布式电源给配电网带来的不利影响，最大限度地利用分布式电源出力，提高供电可靠性和电能质量。将分布式电源以微电网的形式接入配电网，被普遍认为是利用分布式电源有效的方式之一。微电网作为配电网和分布式电源的纽带，使得配电网不必直接面对种类不同、归属不同、数量庞大、分散接入的（甚至是间歇性的）分布式电源。国际电工委员会（IEC）在《IEC 2010～2030 应对能源挑战白皮书》中明确将微电网技术列为未来能源链的关键技术之一。

10.1　微电网的体系结构

　　图 10-1 所示是采用"多微电网结构与控制"的微电网三层控制方案结构。最上层称作配电网调度层，从配电网的安全、经济运行的角度协调调度微电网，微电网接受上级配电网的调节控制命令。中间层称作集中控制层，对 DG 发电功率和负荷需求进行预测，制订运行计划，根据采集电流、电压、功率等信息，对运行计划实时调整，控制各 DG、负荷和储能装置的启停，保证微电网电压和频率稳定。在微电网并网运行时，优化微电网运行，实现微电网最优经济运行；在微电网离网运行时，调节分布电源出力和各类负荷的用电情况，实现

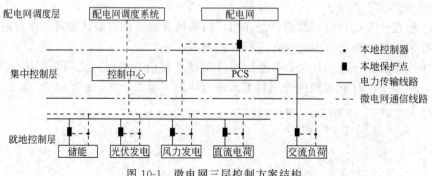

图 10-1　微电网三层控制方案结构

微电网的稳压安全运行。下层称作就地控制层，负责执行微电网各 DG 调节、储能充放电控制和负荷控制。

10.2　微电网的运行模式及控制

微电网运行分为并网运行和离网（孤岛）运行两种状态。

10.2.1　微电网的并网运行模式

并网运行就是微电网与公用大电网相连（PCC 闭合），与主网配电系统进行功率交换，如图 10-2 所示。

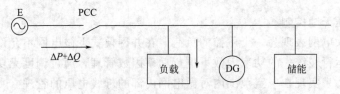

图 10-2　微电网功率交换

其中并网运行根据功率交换的不同可分为功率匹配运行状态和功率不匹配运行状态。流过 PCC 处的有功功率为 ΔP，无功功率为 ΔQ。当 $\Delta P = 0$ 且 $\Delta Q = 0$ 时，流过 PCC 的电流为零，微电网各 DG 的出力与负荷平衡，配电网与微电网实现了零功率交换，这也是微电网最佳、最经济的运行方式，此种运行方式称为功率匹配运行状态。当 $\Delta P \neq 0$ 且 $\Delta Q \neq 0$ 时，流过 PCC 的电流不为零，配电网与微电网实现了功率交换，此种运行方式称为功率不匹配运行状态。在功率不匹配运行状态情况下，若 $\Delta P < 0$，微电网各 DG 发出的电，除满足负荷使用外，多余的有功功率输送给配电网，这种运行方式称为有功过剩；若 $\Delta P > 0$，微电网各 DG 发出的电不能满足负荷使用，需要配电网输送缺额的电力，这种运行方称为有功缺额。同理，若 $\Delta Q < 0$，称为无功过剩，若 $\Delta Q > 0$，称为无功缺额，都为功率不匹配运行状态。

微电网并网运行的主要功能是实现经济优化调度、配电网联合调度、自动电压无功控制、间歇性分布式发电预测、负荷预测、交换功率预测，运行流程如图 10-3 所示。

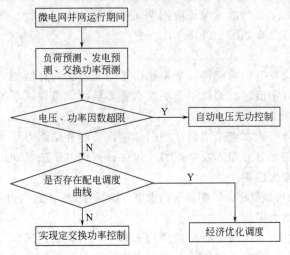

图 10-3　微电网并网运行流程

(1) 经济优化调度

微电网在并网运行时，在保证微电网安全运行的前提下，以全系统能量利用效率最大为目标（最大限度利用可再生能源），同时结合储能的充放电、分时电价等实现用电负荷的削峰填谷，提高整个配电网设备利用率及配电网的经济运行。

(2) 配电网联合调度

微电网集中控制层与配电网调度层实时信息交互，将微电网公共连接点处的并离网状态、交换功率上送调度中心，并接受调度中心对微电网的并离网状态的控制和交换功率的设置。当微电网集中控制层收到调度中心的设置命令时，通过综合调节分布式发电、储能和负荷，实现有功功率、无功功率的平衡。配电网联合调度可以通过交换功率曲线设置来完成，交换功率曲线可以在微电网管理系统中设置，也可以通过远程由配电网调度自动化系统命令下发进行设置。

(3) 自动电压无功控制

微电网对于大电网表现为一个可控的负荷，在并网模式下微电网不允许进行电网电压管理，需要微电网运行在统一的功率因数下进行功率因数管理，通过调度无功补偿装置、各分布式发电无功出力来实现在一定范围内对微电网内部的母线电压的管理。

(4) 间歇性分布式发电预测

通过气象局的天气预报信息以及历史气象信息和历史发电情况，预测短期内的 DG 发电量，实现 DG 发电预测。

(5) 负荷预测

根据用电历史情况，预测超短期内各种负荷（包括总负荷、敏感负荷、可控负荷、可切除负荷）的用电情况。

(6) 交换功率预测

根据分布式发电的发电预测、负荷预测、储能预测设置的充放电曲线等因素，预测公共连接支路上交换功率的大小。

10.2.2 微电网的离网运行模式

离网运行又称孤岛运行，是指在电网故障或计划需要时，与主网配电系统断开（即PCC 断开），由 DG、储能装置和负荷构成的运行方式。

微电网离网运行的主要功能是保证离网期间微电网的稳定运行，最大限度地给更多负荷供电。微电网离网运行流程如图 10-4 所示。

(1) 低压减载

负荷波动、分布式发电出力波动，如果超出了储能设备的补偿能力，可能会导致系统电压的跌落。当跌落超过定值时，切除不重要或次重要负荷，以保证系统不出现电压崩溃。

(2) 过压切机

如果负荷波动、分布式发电出力波动超出储能设备的补偿能力导致系统电压的上升，当上升超过定值时，限制部分分布式发电出力，以保证系统电压恢复到正常范围。

(3) 分布式发电较大控制

分布式发电较大时可恢复部分已切负荷的供电，恢复与 DG 多余电力匹配的负荷供电。

(4) 分布式发电过大控制

如果分布式发电过大，此时所有的负荷均未断电、储能也充满，但系统电压仍过高，分布式发电退出，由储能来供电，储能供电到一定程度后，再恢复分布式发电投入。

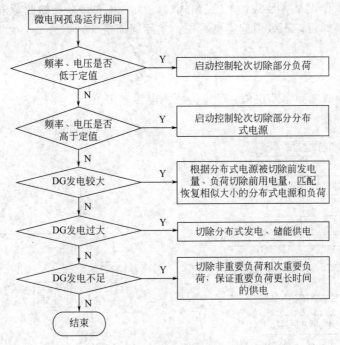

图 10-4 微电网离网运行流程

(5) 发电容量不足控制

如果发电出力可调的分布式发电已最大化出力, 当储能当前剩余容量小于可放电容量时, 切除次重要负荷, 以保证重要负荷有更长时间的供电。

微电网的并网运行、离网运行以及停运模式可以通过控制实现互相转换。

10.2.3 微电网的并网控制

图 10-5 所示为微电网并入配电网系统及相量图。

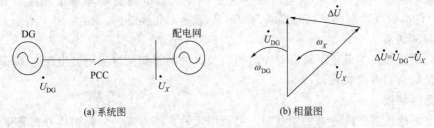

(a) 系统图　　　　　　　　(b) 相量图

图 10-5 微电网并入配电网系统及相量图

$\dot{U}_X$ 为配电网侧电压, $\dot{U}_{DG}$ 为微电网离网运行电压, 微电网并入配电网的理想条件为

$$f_{DG} = f_X \text{ 或 } \omega_{DG} = \omega_X (\omega = 2\pi f) \tag{10-1}$$

$$\dot{U}_{DG} = \dot{U}_X \tag{10-2}$$

式中, $\dot{U}_{DG}$ 与 $\dot{U}_X$ 间的相角差为零, $|\delta| = \left| \arg \dfrac{\dot{U}_{DG}}{\dot{U}_X} \right| = 0$。

满足式(10-1) 和式(10-2) 时, 并网合闸的冲击电流为零, 且并网后 DG 与配电网同步运行。实际并网操作很难满足式(10-1) 和式(10-2)，也没有必要如此苛求，只需要并网合闸时冲击电流较小即可，不致引起不良后果，实际同期条件判据为

$$|f_{DG} - f_X| \leqslant f_{set} \tag{10-3}$$

$$|\dot{U}_{DG} - \dot{U}_X| \leqslant U_{set} \tag{10-4}$$

式中，f_{set} 为两侧频率差定值；U_{set} 为两侧电压差定值。

离网转并网控制流程如图 10-6 所示。

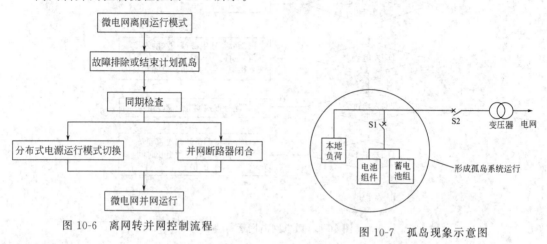

图 10-6　离网转并网控制流程　　　　图 10-7　孤岛现象示意图

10.2.4　微电网的离网控制

微电网由并网模式切换至离网模式，需要先进行快速准确的孤岛检测，目前孤岛检测方法很多，要根据具体情况选择合适的方法。针对不同微电网系统内是否含有不能间断供电负荷的情况，并网模式切换至离网模式有两种方法，即短时有缝切换和无缝切换。

(1) 微电网的孤岛现象

微电网解决 DG 接入配电网问题，改变了传统配电网的架构，由单向潮流变为双向潮流，传统配电网在主配电系统断电时负荷失去供电。微电网需要考虑主配电系统断电后，DG 继续给负荷供电，组成局部的孤网，即孤岛现象（islanding），如图 10-7 所示。

(2) 有缝切换

由于公共连接点的低压断路器动作时间较长，并网转离网过程中会出现电源短时间的消失，也就是所谓的有缝切换。

(3) 无缝切换

对供电可靠性有更高要求的微电网，可采用无缝切换方式。无缝切换方式需要采用大功率固态开关（导通或关断时间小于 10ms）来弥补机械断路器开断较慢的缺点，同时需要优化微电网的结构。

10.3　微电网的监控与能量管理

微电网的监控与能量管理系统，主要是对微电网内部的分布式发电、储能装置和负荷状态进行实时综合监视，在微电网并网运行、离网运行和状态切换时，根据电源和负荷特性，对内部的分布式发电、储能装置和负荷能量进行优化控制，实现微电网的安全稳定运行，提高微电网的能源利用效率。

10.3.1　微电网的监控系统架构

微电网监控系统与本地保护控制、远程配电调度相互协调，主要功能介绍如下。

① 实时监控类：包括微电网 SCADA、分布式发电实时监控。

② 业务管理类：包括微电网潮流（联络线潮流、DG 节点潮流、负荷潮流等）、DG 发电预测、DG 发电控制及功率平衡控制等。

③ 智能分析决策类：包括微电网能源优化调度等。

微电网监控系统通过采集 DG 电源点、线路、配电网、负荷等实时信息，形成整个微电网潮流的实时监视，并根据微电网运行约束和能量平衡约束，实时调度调整微电网的运行。微电网监控系统中，能量管理是集成 DG、负荷、储能装置以及与配电网接口的中心环节。图 10-8 是微电网监控系统能量管理的软件功能架构图。

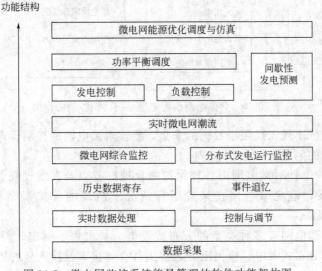

图 10-8　微电网监控系统能量管理的软件功能架构图

10.3.2　微电网监控系统设计

微电网监控系统的设计，从微电网的配电网调度层、集中控制层、就地控制层三个层面进行综合管理和控制。其中配电网调度层主要从配电网安全、经济运行的角度协调多个微电网（微电网相对于大电网表现为单一的受控源），微电网接受上级配电网的调节控制命令。微电网集中控制层集中管理分布式电源（包括分布式发电与储能）和各类负荷，在微电网并网运行时调节分布电源出力和各类负荷的用电情况，实现微电网的稳态安全运行。就地控制层的分布式电源控制器和负荷控制器，负责微电网的暂态功率平衡和低频减载，实现微电网暂态时的安全运行。

微电网监控系统是集成本地分布式发电、负荷、储能以及与配电网接口的中心环节，通过固定的功率平衡算法产生控制调节策略，保证微电网并、离网及状态切换时的稳定运行。图 10-9 所示是集中监控系统能量管理控制器的模型。

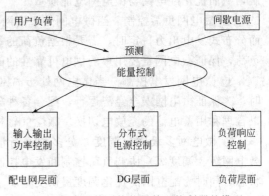

图 10-9　集中监控系统能量管理控制器的模型

微电网就地控制保护、集中微电网监控管理与远程配电调度相互配合，通过控制调节联络线上的潮流实现微电网功率平衡控制，图 10-10 所示是含微电网的配电网系统协调控制协作图。

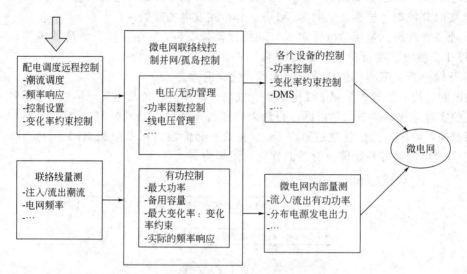

图 10-10　含微电网的配电网系统协调控制协作图

　　微电网监控系统不仅仅局限于数据的采集，要实现微电网的控制管理与运行，微电网监控系统设计要考虑的问题有以下几个方向。

　　① 微电网保护　针对微电网中各种保护的合理配置以及在线校核保护定值的合理性，提出参考解决方案，避免微电网在某些运行情况下出现的保护误动作而导致不必要的停电。

　　② DG 接入　微电网有多种类型的分布式发电，其出力不确定，因此针对这些种类多样、接入点分散的分布式发电，应提出方案解决其合理接入及接入后的协调问题，同时保证微电网并网、离网状下稳定运行。

　　③ DG 发电预测　通过气象局的天气预报信息以及历史气象信息和历史发电情况，预测超短期内的风力发电、太阳能光伏发电的发电量，使得微电网成为可预测、可控制的系统。

　　④ 微电网电压无功平衡控制　微电网作为一个相对独立的电力可控单元，在与配电网并网运行时，一方面能满足配电网对微电网提出的功率因数或无功吸收要求以减少无功的长距离输送，另一方面需要保证微电网内部的电压质量。微电网需要对电压进行无功平衡控制，从而优化配电网与微电网电能质量。

　　⑤ 微电网负荷控制　当微电网处于离网运行或配电网对整个微电网有负荷或出力要求，而分布式发电出力一定时，需要根据负荷的重要程度分批分次切除、恢复、调节各种类型的负荷，保证微电网重要用户的供电可靠性的同时，保证整个微电网的安全运行。

　　⑥ 微电网发电控制　当微电网处于离网运行或配电网对整个微电网有负荷或出力要求时，为保证微电网安全经济运行，配合各种分布式发电，合理调节分布式发电出力，尤其可以合理利用蓄电池的充放电切换、微燃气轮机冷热电协调配合等特性。

　　⑦ 微电网多级优化调度　分多种运行情况（并网供电、离网供电）、多种级别（DG、微电网级、调度级）协调负荷控制和发电控制，保证整个微电网系统处于安全、经济的运行状态，同时为配电网的优化调度提供支撑。

　　⑧ 微电网与大电网的配合运行　对于公共电网，微电网既可能是一个负荷，也可能是

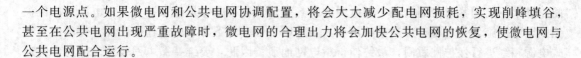

一个电源点。如果微电网和公共电网协调配置，将会大大减少配电网损耗，实现削峰填谷，甚至在公共电网出现严重故障时，微电网的合理出力将会加快公共电网的恢复，使微电网与公共电网配合运行。

10.3.3　微电网能量管理

(1) 分布式发电预测

分布式发电预测是预测分布式发电（风力发电、光伏发电）的短期和超短期发电功率，为能量优化调度提供依据。分布式发电预测可以分为统计方法和物理方法两类。统计方法是对历史数据进行统计分析，找出其内在规律并用于预测；物理方法是将气象预测数据作为输入，采用物理方程进行预测。

目前用于分布式发电预测的方法主要有持续预测法、卡尔曼滤波法、随机时间序列法、人工神经网络法、模糊逻辑法、空间相关性法、支持向量机法等。在风力发电预测和光伏发电预测领域都有涉及这些预测方法的研究，在实际预测系统中，应充分考虑各种预测方法的优劣性，将高精度的预测方法模型列入系统可选项。

(2) 负荷预测

负荷预测预报未来电力负荷的情况，用于分析系统的用电需求，帮助通行人员及时了解系统未来的运行状态。

目前负荷预测方法，从时间上来划分可分为传统和现代的预测方法。传统的负荷预测方法主要包括回归分析法和时间序列法，而现代的负荷预测方法主要是应用专家系统理论、神经网络理论、小波分析、灰色系统、模糊理论和组合方法等进行预测。

(3) 微电网的功率平衡

微电网并网运行时，通常情况下并不限制微电网的用电和发电，只有在需要时，大电网通过交换功率控制对微电网下达指定功率的用电或发电指令。

① 并网运行功率平衡控制　微电网并网运行时，由大电网提供刚性的电压和频率支撑。通常情况下不需要对微电网进行专门的控制。在某些情况下，大电网根据经济运行分析，给微电网下发交换功率定值以实现最优运行。微电网能量管理系统按照调度下发的交换功率定值，控制分布式发电出力、储能系统的充放电功率等，在保证微电网内部经济安全运行的前提下按指定交换功率运行。微电网能量管理系统根据指定交换功率分配各分布式发电出力时，需要综合考虑各种分布式发电的特性和控制响应特性。当交换功率与大电网给定的计划值偏差过大时，需要由微电网中央控制器（MG Center Controller，MGCC）通过切除微电网内部的负荷或发电机，或者通过恢复先前被 MGCC 切除的负荷或发电机将交换功率调整到计划值附近。

② 离网运行功率平衡控制　微电网能够并网运行也能够离网运行，当大电网由于故障造成微电网独立运行时，能够通过离网能量平衡控制实现微电网的稳定运行。微电网离网后，离网能量平衡控制通过调节分布式发电出力、储能出力、负荷用电，实现离网后整个微电网的稳定运行，在充分利用分布式发电的同时保证重要负荷的持续供电，同时提高分布式发电利用率和负荷供电可靠性。在离网运行期间，微电网内部的分布式发电的出力可能随着外部环境（如日照强度、风力、天气状况）的变化而变化，使得微电网内部的电压波动很大，因此需要随时监视微电网内部电压的变化情况，采取措施应对因内部电源或负荷功率突变对微电网安全稳定产生的影响。

③ 从并网转入离网运行功率平衡控制　微电网从并网转入离网运行瞬间，流过公共连接点（PCC）的功率被突然切断，微电网内一般存在较大的有功功率缺额。在离网运行瞬

间，如果不启用紧急控制措施，微电网内部频率将急剧下降，导致一些分布式电源采取保护性的断电措施，这使得有功功率缺额变大，加剧了频率的下降，引起连锁反应，使其他分布式电源相继进行保护性跳闸，最终使得微电网崩溃。因此，要维持微电网较长时间的离网运行状态，必须在微电网离网瞬间立即采取措施，使微电网重新达到功率平衡状态。微电网离网瞬间，如果存在功率缺额，则需要立即切除全部或部分非重要的负荷，调整储能装置的出力，甚至切除小部分重要的负荷；如果存在功率盈余，则需要迅速减少储能装置的出力，甚至切除一部分分布式电源。这样，可使微电网快速达到新的功率平衡状态。

微电网离网瞬间内部的功率缺额（或功率盈余）的计算方法：把在切断 PCC 之前通过 PCC 流入微电网的功率，作为微电网离网瞬间内部的功率缺额，即 $|P_{qe}|=|P_{PCC}|$。P_{PCC} 以从大电网流入微电网的功率为正，流出为负。当 P_{qe} 为正值时，表示离网瞬间微电网存在功率缺额；为负值时，表示离网瞬间微电网内部存在功率盈余。

由于储能装置要用于保证离网运行状态下重要负荷能够连续运行一定时间，所以在进入离网运行瞬间的功率平衡控制原则是：先在假设各个储能装置出力为零的情况下切除非重要负荷；然后调节储能装置的出力；最后切除重要负荷。

④ 从离网转入并网运行功率平衡控制　微电网从离网转入并网运行后，微电网内部的分布式发电工作在恒定功率控制（P/Q 控制）状态，它们的输出功率大小由配电网调度计划决定。MGCC 所要做的工作是将先前因维持微电网安全稳定运行而自动切除的负荷或发电机逐步投入运行中。

10.4　实训　微电网运行控制、调度与管理

10.4.1　实训设备

本实训基于智能微电网实验实训系统。微电网实验实训系统一次系统图如图 10-11 所示。

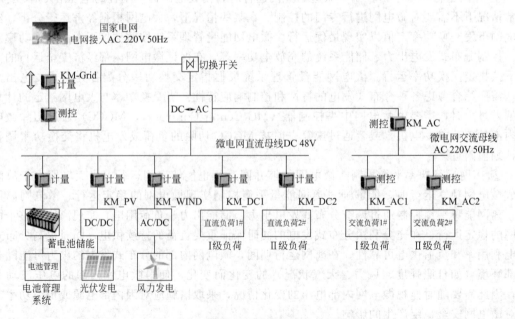

图 10-11　风光储智能微电网一次系统图

　　智能微电网实验实训系统采用双母线结构，由分布式发电模拟单元、微电网接入与能量管理单元、微电网储能与稳定控制单元、微电网分布式能源接入单元、微电网交直流负荷管理单元、微电网监控平台等部分组成，实物如图 10-12 所示。

图 10-12　智能微电网实验实训系统实物

　　微电网的监控与能量管理采用中央管理机与中央控制 PLC 配合模式，仪表与微电网保护器通过 RS 485 独立连接到中央管理机或连接到串口服务器上，通过以太网连接中央管理机。PLC 及上位机 SCADA 软件亦通过以太网进行连接，微电网的通信拓扑如图 10-13 所示。

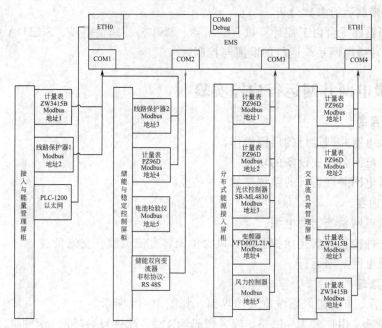

图 10-13　风光储智能微电网的通信拓扑

　　① 分布式发电模拟单元由模拟风力与模拟光伏单元组成，模拟风力发电单元由永磁风力发电机组、拖动异步电机、发电机支架、电机电缆、风速模拟单元等组成，风力发电机采用永磁水平轴风力发电机，通过异步变频电机进行拖动，可模拟发电机在不同风速状况下的发电情况；太阳能光伏发电单元由单晶太阳能光伏电池组件、太阳能组件支架、太阳能专用电缆、MC4 连接器、环境检测传感器等组成，太阳能光伏电池组件采用单晶电池组件，2块 100W 电池组件组成一个方阵，可以方便进行串并联测试。

　　② 微电网接入与能量管理屏柜由西门子 PLC、微电网能量管理系统（EMS）、工业以

太网交换机、交流浪涌保护器、交流接触器、塑壳断路器、单相双向计量仪表、低压线路保护器、电流互感器、组态触摸屏、急停按钮、指示灯、继电器、开关电源、复位开关、转换开关、微断、测试端子、电力电缆、通信电缆、接线端子等组成，主要完成微电网与大电网能量交互的控制、计量与保护，同时通过能量管理系统对微电网储能、分布式发电、交直流负荷等进行能量管理与调度，实现微电网平滑稳定、经济高效运行。

③ 微电网储能与稳定控制屏柜由双向储能变流器、切换开关、储能蓄电池组、电池监测系统、直流功率计量仪表、低压线路保护器、电流互感器、分流器、交流接触器、指示灯、继电器、复位开关、转换开关、电力电缆、通信电缆、接线端子、测试端子等组成，主要完成对微电网储能的充放电管理，实现微电网直流母线与交流母线的双向变流，提供隔离微电网与市电电网的 PCC 节点。

④ 微电网分布式能源接入屏柜由光伏控制器、风机控制器、直流功率计量仪表、交流功率计量仪表、电流互感器、分流器、变频调速器、指示灯、继电器、转换开关、电力电缆、通信电缆、接线端子、测试端子等组成，主要完成对分布式能源的接入、分布式发电的计量与保护。

⑤ 微电网交直流负荷管理屏柜由交直流模拟负载、直流功率计量仪表、交流功率计量仪表、电流互感器、分流器、交流接触器、指示灯、继电器、电力电缆、通信电缆、接线端子、测试端子等组成，可以通过软件模拟对不同等级负荷进行自动调度控制，模拟微电网负荷投切控制和带载运行参数分析。

⑥ 微电网监控平台由工控计算机、显示器、操作台、通信电缆、SCADA 电力监控软件等组成，完成对微电网系统运行的监测与控制。

10.4.2 微电网并网运行启停实验

(1) 实训目的
① 掌握微电网并网运行的启停操作。
② 了解微电网各组成设备的功能。
③ 了解微电网并网运行的系统架构。

(2) 实训内容
① 开启微电网系统辅助电源。
② 监控软件控制开启光伏控制器、风力单元、直流负载、交流负载。
③ 停止微电网并网运行。

(3) 基本原理
进入工程后，首先进入系统电气图界面，如图 10-14 所示。
① 系统登录　用户名为 admin，输入密码为 123，软件登录界面如图 10-15 所示。
② 通信状态　查看当前各个子模块的通信状态，如图 10-16 所示，当子模块后面对应的标识显示灰色为通信正常，当子模块后面对应的标识显示为黄色为通信故障报警。
③ 开关保护节点　负责控制对应单元的闸分合，当开关节点显示绿色时，代表是分闸状态；当开关节点显示红色时，代表是合闸状态。通过点击该开关保护节点，会跳出开关节点监控界面，如图 10-17 所示。当该开关节点的"远方就地"处于"远方状态"时，可以通过远程上位机端或机柜手动操作；当该开关节点的"远方就地"处于"就地状态"时，表示该闸不可以通过上位机远程操作，必须通过机柜上对应开关手动操作，或者把闸打到"远方状态"。合闸指示代表当前闸的状态，可以通过"合闸"或"分闸"按钮进行分合闸的操作。

图 10-14　系统电气图界面

图 10-15　软件登录界面

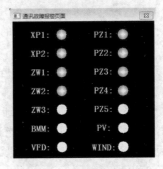

图 10-16　通信状态界面

④ 蓄电池模块开关标识　该标识为只读的，当操作微电网储能与稳定控制单元机柜下端开关，将蓄电池组连到微电网的直流母线上时，此开关标识显示为合闸状态。

⑤ 潮流指示　当微电网处于放电状态时，潮流指示会指向上方；当微电网处于充电状态时，潮流指示会指向下方。

⑥ 模式设置　界面如图 10-18 所示。当微电网处于离网状态时，可以通过此界面控制交流负荷的输出。当微电网处于并网状态时，可以设置微电网为"自动调度"或"手动调度"：当微电网处于自动调度时，可设置其处于"峰电模式"或"放电模式"；当微电网处于手动调度时，可以对其进行"充电模式""放电模式""买电模式""卖电模式"设置，并控制以上每种模式的功率。

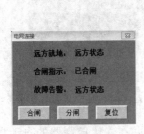

图 10-17　开关节点监控界面

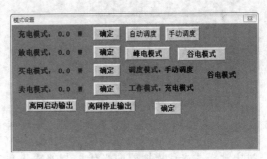

图 10-18　模式设置界面

⑦ 功率分布图　监测各个模块的实时功率分布，如图 10-19 所示。

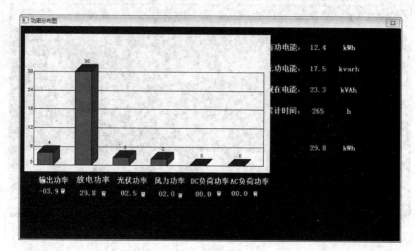

图 10-19　微电网功率分布

⑧ 目录栏　点击进入相对应的子界面。

(4) 操作步骤

① 系统开启前请先检查设备是否完好，所有电源是否处于断开状态，所有接线是否牢固可靠。

② 开启系统辅助电源，它位于微电网接入与能量管理单元管理柜后面，将微电网储能与稳定控制单元、微电网分布式能源接入单元、微电网交直流负荷管理单元、微电网监控平台的辅助电源开关均开启，辅助电源开启后再次检查各设备是否正常通电，有异常请关闭电源，排除后再试开。

③ 开启微电网实时监控系统软件，选择用户类型，输入密码后，点击"确定"按钮，并检查各单元的详细信息及其通信状态。

④ 将微电网储能与稳定控制单元前面板的母线开关开启，对微电网的直流母线进行通电。

⑤ 将所有机柜面板的保护节点操作开关均置于远方状态，只有在远方操作状态时，方可进行远程控制。

⑥ 将微电网前面板的"并网接入"断路器置于合并，点击电网接入开关节点，在弹出窗口中点击"合闸"按钮，接通后如图 10-20 所示，此时微电网处于并网状态。

⑦ 点击光伏单元保护开关节点，如图 10-21 所示，点击"合闸"按钮，将光伏并网控制器接入微电网母线中。

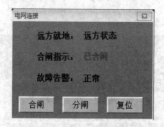
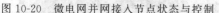
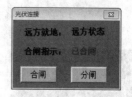

图 10-20　微电网并网接入节点状态与控制　　　图 10-21　光伏单元保护开关节点状态与控制

⑧ 通过电池板或光伏模拟器向光伏控制器输入直流电，并在光伏控制器的自动自检完成后向微电网输出电量，如果光伏控制器出现"故障"状态，在"光伏发电单元"页面右上角的

"故障状态"会发出黄色告警，点击该图标就可以查看具体告警信息，如图10-22所示。

图 10-22　光伏发电单元详细故障显示界面

⑨ 点击风力单元保护开关节点，点击"合闸"按钮，将风力发电单元接入到微电网直流母线中。

⑩ 风力单元系统为电动机带动发电机转动的模拟风力发电系统，其转速可调，避免了因风力输出较低或不稳定而导致风力控制器无法启动的现象。在风力发电单元监控界面的频率设置中，对风机转速频率进行设置（频率设置范围 0～60 Hz），点击"启动"按钮，风机即开始转动。

⑪ 点击直流Ⅰ级负荷保护开关节点，点击"合闸"按钮，即将直流Ⅰ级负荷投入微电网母线中，直流Ⅱ级负荷相同。

⑫ 点击左侧"直流负荷开关"按钮，可以监控各子负荷的运行状态和负荷单元的电力参数信息。通过右上角的最大负荷电流设置可以对各子负荷进行断电保护。

⑬ 点击"双向储能变流器"右侧交流负荷总保护开关节点，点击"合闸"按钮，即把交流负荷母线开启，如图10-23所示。

⑭ 点击交流Ⅰ级负荷保护开关节点，点击"合闸"按钮，即将交流Ⅰ级负荷投入微电网母线中，交流Ⅱ级负荷相同。

⑮ 点击左侧"交流负荷开关"按钮，可以监控各子负荷的运行状态和负荷单元的电力参数信息。通过右上角的最大负荷电流设置可以对各子负荷进行断电保护。

⑯ 在主界面上点击"模式设置"按钮，进入微电网模式设置界面，如图10-24所示，在该页面里可以对微电网的"自动调度"或"手动调度"进行选择设置，如果微电网为"自动调度"模式，可以进行"峰电模式"或者"谷电模式"设置；如果微电网为"手动调度"模式，可以对"充电模式""放电模式""买电模式"或"卖电模式"中的其一进行功率设置，然后点击其后面的"确定"按钮，即设置为该模式。设置好后点击右上角的按钮，即可退出微电网模式设置界面。

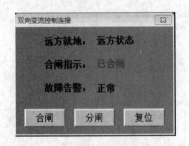

图 10-23　交流负荷总保护
开关节点状态与控制

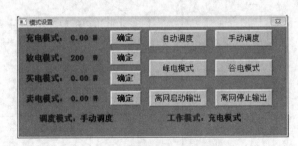

图 10-24　微电网模式设置界面

⑰ 实验结束后，依次进行分闸：a.对交流Ⅰ级和Ⅱ级负荷开关节点进行分闸，然后对交流负荷总保护开关节点进行分闸；b.对直流Ⅰ级和Ⅱ级负荷开关节点进行分闸；c.在"风力发电单元"将电机停止转动，并对其进行分闸；d.将光伏模拟器或者光伏板的模拟光源关闭，并将光伏单元的开关节点进行分闸；e.将电网连接的开关节点进行分闸，然后关闭微电网储能与稳定控制单元的空开，最后关闭微电网接入与能量管理单元、微电网储能与稳定控制单元、微电网分布式

能源接入单元、微电网交直流负荷管理单元、微电网监控平台的辅助电源开关。

（5）实训报告

绘制微电网并网运行启停操作流程图。

10.4.3　微电网能量管理与控制

（1）实训目标

① 了解微电网自动调度方法。

② 了解微电网调度原理。

③ 理解微电网调度的意义。

（2）实训内容

① 设定微电网并网风电模式。

② 并网运行模式下，分析峰电和谷电模式对功率调度的影响。

③ 离网运行模式下，分析负荷对功率调度的影响。

（3）基本原理

微电网系统在离并网运行时，可以接收管理机的调度指令。当微电网处于并网状态时，根据负荷峰谷时段用电情况、分布式发电情况形成储能的预期充发电曲线，微电网能量管理系统根据该曲线实时控制储能的充放电状态以及充放电功率，实现微电网移峰填谷、平滑用电负荷和分布式电源出力的功能，实现内外功率平衡。微电网并网谷电模式和峰电模式自动调度流程分别如图 10-25 和图 10-26 所示。

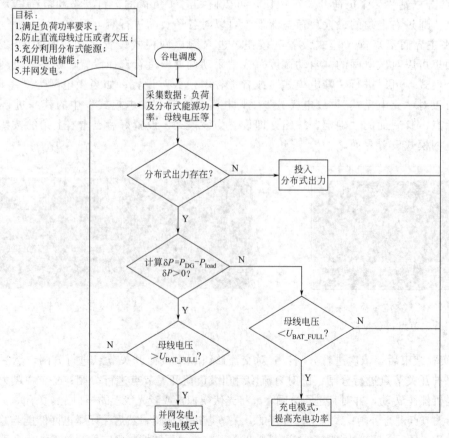

图 10-25　微电网并网谷电模式自动调度流程

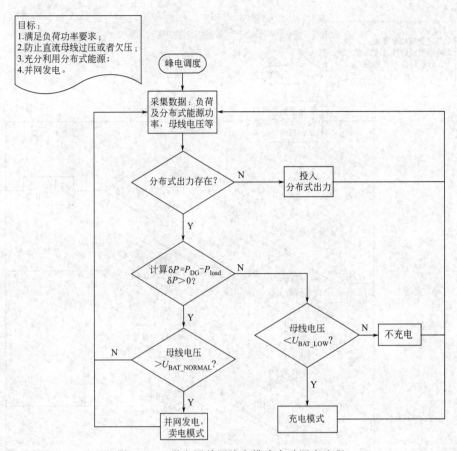

图 10-26 微电网并网峰电模式自动调度流程

微电网离网后，离网能量平衡控制通过调节分布式发电出力、储能出力、负荷用电，实现离网后整个微电网的稳定运行，在充分利用分布式发电的同时保证重要负荷的持续供电，同时提高分布式发电利用率和负荷供电可靠性。微电网离网自动调度流程如图 10-27 所示。

（4）操作步骤

① 结合微电网运行控制实验（离并网启停及切换实验），开启微电网辅助电源，打开微电网电力监控软件，使微电网运行于并网模式，启动分布式电源和交直流负荷，将调度模式切换到"自动调度"模式，再点击"峰电模式"。

② 在模拟峰电时段，由于用电高峰，微电网尽可能多地向外发出电能，在储能不欠压的情况下减少充电的功率，调度稳定后其功率分布如图 10-28 所示。

③ 将负荷投入到微电网母线中，稳定后其功率调度分布如图 10-29 所示。

④ 点击"谷电模式"按钮，将调度模式切换到谷电调度。在谷电并网调度时，分布式电源最大出力，储能尽可能多地充电，稳定后其功率分布如图 10-30 所示。

⑤ 将负荷从微电网母线中切除，稳定后其功率调度分布如图 10-31 所示。

⑥ 手动将微电网市电接入塑壳断路器断开，微电网系统自动切换到离网运行模式。离网模式下，储能逆变器切换到 U/F 控制方式，调度程序要保持内部功率平衡，一方尽可能最大功率充电，另一方将多余的分布式电源功率切除，稳定后其功率调度分布如图 10-32 所示。

⑦ 将负荷投入到微电网中，稳定后其功率调度分布如图 10-33 所示。

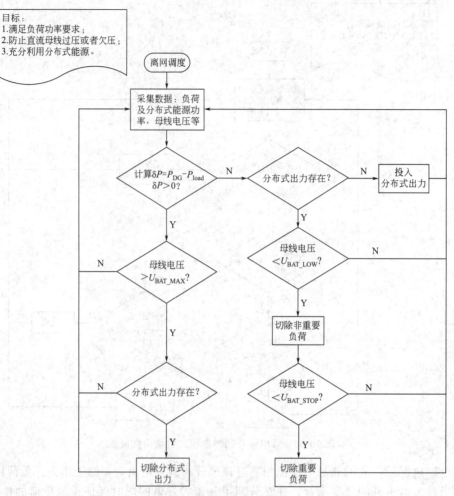

图 10-27　微电网离网自动调度流程

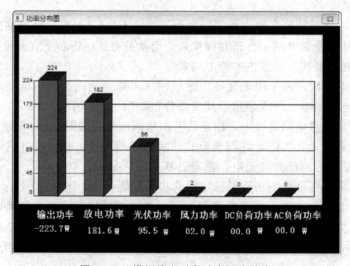

图 10-28　模拟峰电时段功率调度分布

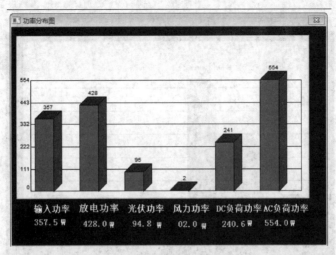

图 10-29　模拟峰电时段功率调度分布（投入负荷后）

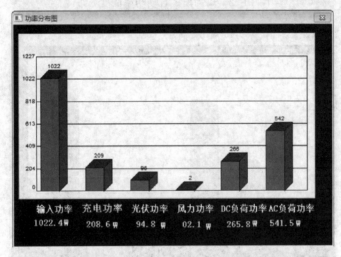

图 10-30　模拟谷电时段功率调度分布

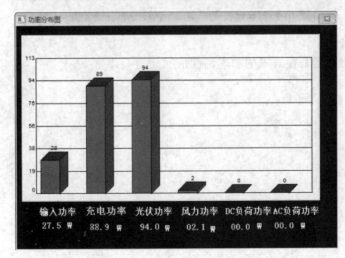

图 10-31　模拟谷电时段功率调度分布（切除负荷后）

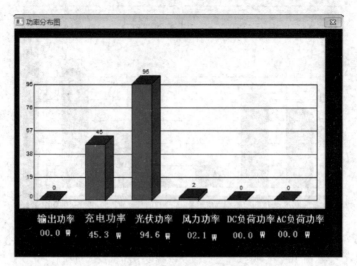

图 10-32　离网模式自动功率调度分布

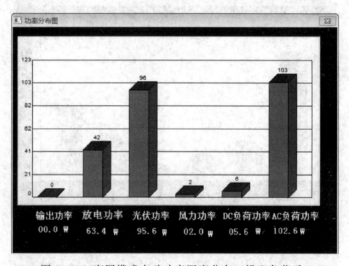

图 10-33　离网模式自动功率调度分布（投入负荷后）

(5) 实训报告

总结并网、离网运行模式下的功率调度情况。

第 **11** 章

光伏电站智能运维实训系统

11.1 光伏电站智能运维实训系统概述

光伏电站智能运维实训系统由光伏电站运维实训平台、教师控制中心、云平台以及配套的瑞亚实训管理软件、瑞亚实训管理终端软件、瑞亚智能运维监控中心软件（教师端）和瑞亚智能运维监控软件（学生端）组成，如图 11-1 所示，其系统架构如图 11-2 所示。该系统能

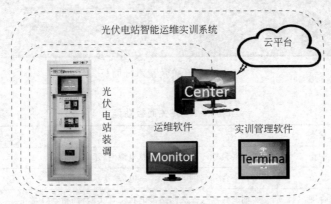

图 11-1 光伏电站智能运维实训系统组成

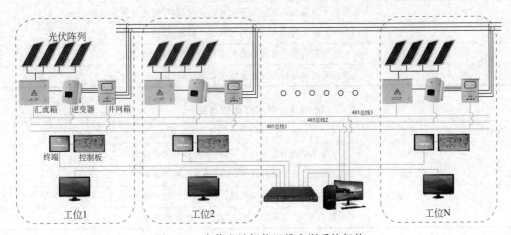

图 11-2 光伏电站智能运维实训系统架构

够实现光伏电站安装调试、运行操作、故障识别、故障处理、智能监控、运行分析等典型运维活动实训和理论、技能考试等。其中,光伏电站运维实训平台的组成模块见图 11-3。光伏电站智能运维实训系统的开关及指示灯面板见图 11-4,其功能分别见表 11-1 和表 11-2。

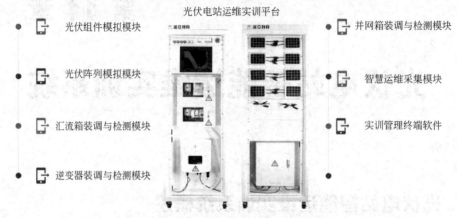

图 11-3　光伏电站运维实训平台的组成模块

图 11-4　开关及指示灯面板

表 11-1　开关面板功能

开关	状态	含义
急停旋钮	停止	实训平台外部供电断开,"总电源"指示灯常暗
	复位	实训平台外部供电正常,"总电源"指示灯常亮
实验台	合闸	实训平台电气一次回路带电状态,"实验台"指示灯常亮
	分闸	实训平台电气一次回路断电状态,"实验台"指示灯常暗
控制器	合闸	实训平台电气二次回路带电状态,"控制器"指示灯常亮
	分闸	实训平台电气二次回路断电状态,"控制器"指示灯常暗
功率源	合闸	光伏模拟组件功率源启动状态,"功率源"指示灯常亮
	分闸	光伏模拟组件功率源断电状态,"功率源"指示灯常暗

表 11-2　指示灯面板功能

指示灯	状态	含义
总电源	常亮/绿色	"急停旋钮"处于复位状态,实训平台外部供电正常
	常暗	"急停旋钮"处于断开状态,实训平台外部供电断开
实验台	常亮/绿色	"实验台开关"处于合闸状态,电气一次回路带电
	常暗	"实验台开关"处于分闸状态,电气一次回路断电

续表

指示灯	状态	含义
控制器	常亮/绿色	"控制器开关"处于合闸状态,电气二次回路带电
	常暗	"控制器开关"处于分闸状态,电气二次回路断电
功率源	常亮	"功率源开关"处于合闸状态,光伏组件模拟模块带电
	常暗	"控制器开关"处于分闸状态,光伏组件模拟模块断电
直流防雷	常亮/绿色	"控制器开关"处于合闸状态,汇流箱直流防雷器处于正常状态
	常亮/红色	"控制器开关"处于合闸状态,汇流箱直流防雷器处于故障状态
	常暗	"控制器开关"处于分闸状态,汇流箱直流防雷器未工作
交流防雷	常亮/绿色	"控制器开关"处于合闸状态,并网箱交流防雷器处于正常状态
	常亮/红色	"控制器开关"处于合闸状态,并网箱交流防雷器处于故障状态
	常暗	"控制器开关"处于分闸状态,并网箱交流防雷器未工作

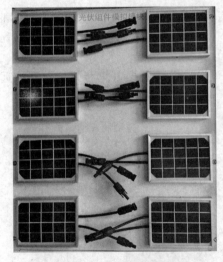

图 11-5　光伏组件模拟模块

① 光伏组件模拟模块（图 11-5）　配置 8 块模拟光伏组件，模拟光伏组件内置专用开关电源最大输出功率 144W，额定输出电压 36V；支持多种串联方式模拟，具备短路保护功能；支持光伏组件部分损坏、二极管击穿、组件断路等常见故障仿真。

② 光伏阵列模拟模块（图 11-6）　支持多种阵列组合方式的模拟，最大支持 4 路组串模拟；支持组串回路低电压、无电压、极性反接、断路等故障模拟。

③ 汇流箱装调与检测模块（图 11-7）　符合 GB/T 34936《光伏发电站汇流箱技术要求》和 GB/T 34933《光伏发电站汇流箱检测技术规程》标准要求；最大支持 4 路直流输入；支持汇流箱运行数据远程上传；支持汇流箱装调实训，如元器件安装与接线、整体调试等；支持汇流箱典型故障排除实训，如防雷器失效、通信异常等。

④ 逆变器装调与检测模块（图 11-8）　额定输入电压 330V；启动电压 60V；MPPT 电压范围 50～500V；最大允许输入功率 900W；MPPT 数量 1 路，最大输入组串路数 1 路；支持逆变器装调实训，包括电气接线等；支持通信装调实训，包括通信模块安装、通信参数

图 11-6　光伏阵列模拟模块

设置和通信调试；支持逆变器故障排除实训，包括 LCD 显示无功率、逆变器无法启动、电网过压、电网欠压等。

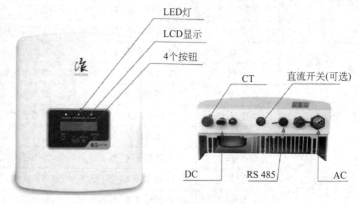

图 11-7　汇流箱装调与检测模块　　　　　图 11-8　逆变器装调与检测模块

⑤ 并网箱装调与检测模块（图 11-9）　支持并网箱装调实训，包括元器件安装、接线和调试；支持并网故障排除实训，包括电网失压、欠压、防雷模块失效等；支持电表数据远程上传。

⑥ 智慧运维采集模块（11-10）　支持逆变器、汇流箱、电表数据采集与传输；支持远程控制通信回路通断；支持电源开路、通信线反接等无通信故障模拟。

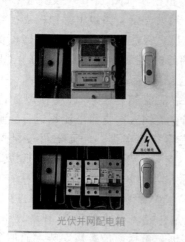

图 11-9　并网箱装调与检测模块　　　　　图 11-10　智慧运维采集模块

11.2　光伏电站智能运维实训平台的开关机

11.2.1　开机前检查

① 所有连接都是根据安装手册和电路图进行的。

② 运行前确保机箱内部干净、整洁，无螺栓、螺母、垫片、工具等杂物遗落在机箱内部或其他危及设备正常运转的地方。

11. 2. 2　开机步骤

① 将急停旋钮顺时针转至"复位"状态，"总电源指示灯"常亮，"液晶显示器"自动开机。

② 闭合"实验台"断路器，"实验台指示灯"常亮，实训平台电气一次回路正常带电工作。

③ 闭合"控制器"断路器，"控制器指示灯"常亮，"直流防雷、交流防雷指示灯"常亮（绿色），实训平台电气二次回路正常带电工作。

④ 闭合"功率源"断路器，"功率源指示灯"常亮，光伏组件模拟模块投入工作，发出轰响声。

⑤ 待液晶显示器开机完成，在登录界面完成登录。

⑥ 在"初始状态"查看各单元显示状态，若存在故障则进行处理，直至各单元显示均正常，表示开机完成。

11. 2. 3　关机步骤

① 正常关机前需确认光伏系统处于脱网状态，系统无功率输出。

② 断开"功率源"断路器，"功率源指示灯"熄灭，光伏组件模拟模块无功率输出。

③ 断开"控制器"断路器，"控制器指示灯"熄灭，"直流防雷、交流防雷指示灯"熄灭，实训平台电气二次回路断电。

④ 断开"实验台"断路器，"实验台指示灯"熄灭，实训平台电气一次回路断电。

⑤ 按下急停旋钮，"总电源指示灯"熄灭，"液晶显示器"关机。

⑥ 断开实训平台插座（三插）与供电电源插座。

11. 3　实训　光伏组件连接与测试

并网光伏发电系统（图 11-11）是通过太阳能电池方阵受到太阳辐射产生光生伏特效应，将太阳能直接转化成直流电能，将一定数量方阵产生的直流电通过直流电缆送至直流汇流箱进行汇流，并对其监测（如电流、电压等），汇流后的直流电送至逆变器，通过逆变器产生与电网电压、频率一致的交流电，逆变后的交流电通过交流电缆送至并网配电箱，经过计量后送至电网。

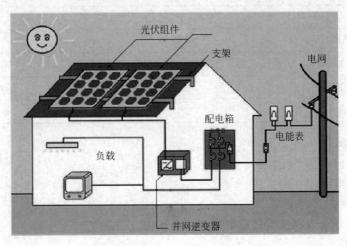

图 11-11　并网光伏发电系统

（1） 实训概述

本系统以典型光伏电站（图 11-12）为例，主要包括太阳能电池方阵、直流汇流箱、并网逆变器、并网配电箱等。光伏组件模拟模块如图 11-5 所示，其主要技术参数如表 11-3 所示。

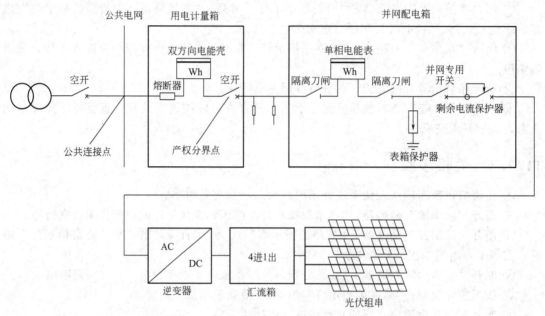

图 11-12　典型光伏电站结构

表 11-3　光伏组件模拟模块技术参数

指标	单位	数值
最大峰值功率	Wp	200
开路电压（U_{oc}）	V	36
电路电流（I_{sc}）	A	NA
工作电压（U_{mppt}）	V	36
最大工作电流（I_{mppt}）	A	4
峰值功率温度系数	K^{-1}	−0.40
开路电压温度系数	K^{-1}	−0.29
短路电流温度系数	K^{-1}	＋0.05

（2） 实训目的

① 了解光伏组件的工作原理。

② 掌握光伏组件串联的方法。

③ 掌握 MC4 连接器的制作。

④ 掌握使用万用表测量组件或组串开路电压的方法。

（3） 实训内容

① 完成 2 串 4 并的方阵连接；

② 完成 4 组光伏组串延长线的制作；

③ 完成组串开路电压和极性的测量，并记录测量结果。

光伏组件连接与测试安装工具及耗材分别如表 11-4 和表 11-5 所示。

表 11-4　光伏组件连接与测试安装工具

序号	工具	使用目的
1	万用表	测量组件、组串电压
2	接线端子压接钳	制作 MC4 连接器
3	剥线钳	剥光伏专用电缆
4	MC4 扳手	拆卸及紧固连接器

表 11-5　光伏组件连接与测试安装耗材

序号	辅材	使用目的
1	MC4 连接器(公母)	连接线缆与组件
2	光伏专用电缆(红黑)	

(4) 实训步骤

① 光伏组件串联设计方法　计算光伏组件串联数范围，光伏组件串联数 N（N 取整数）应同时满足如下两个公式的计算结果：

$$N \leqslant \frac{U_{dc\_max}}{U_{oc}\left[1+(t-25)K_v\right]} \tag{11-1}$$

$$\frac{U_{mppt\_min}}{U_{pm}\left[1+(t'-25)K_v\right]} \leqslant N \leqslant \frac{U_{mppt\_max}}{U_{pm}\left[1+(t-25)K_v\right]} \tag{11-2}$$

式中，K_v 是光伏组件的开路电压温度系数；t 是光伏组件工作条件下的极限低温；t' 是光伏组件工作条件下的极限高温；U_{dc_max} 是逆变器允许的最大直流输入电压；U_{mppt_min} 是逆变器 MPPT 电压最小值；U_{mppt_max} 是逆变器 MPPT 电压最大值；U_{oc} 是光伏组件的开路电压；U_{pm} 是光伏组件的工作电压。

在 K_v 取 $-0.29\%/℃$，t 取 $-30℃$，t' 取 $40℃$，$U_{dc\,max}$ 取 600V，$U_{mppt\,min}$ 取 50V，$U_{mppt\,max}$ 取 500V，U_{oc} 取 36V，U_{pm} 取 36V 的情况下，根据式(11-1)可得：

$$N \leqslant \frac{600}{36 \times \left[1+(-30-25) \times (-0.0029)\right]}$$

即

$$N \leqslant 14.37$$

根据式(11-2)可得：

$$\frac{50}{36 \times \left[1+(40-25) \times (-0.0029)\right]} \leqslant N \leqslant \frac{500}{36 \times \left[1+(-30-25) \times (-0.0029)\right]}$$

即

$$1.45 \leqslant N \leqslant 11.97$$

综上，光伏组件串联数 N 范围为 $2 \leqslant N \leqslant 11$（块），即满足本光伏系统启动光伏组件最小串联数为 2 块。

② 光伏组件连接与测试

a. 在光伏组件模块区，将 8 块光伏组件连接成 4 个组串，每个组串采用 2 块组件串联，如图 11-13 所示。

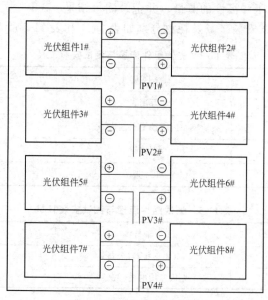

图 11-13　光伏组件连接方式

　　b.完成组件串联接线后，使用万用表直流电压挡测量 PV1、PV2、PV3、PV4 组串的开路电压和极性，将万用表红色探针连接组串正极端子，黑色探针连接组串负极端子，观察电压示数（注意："＋"表示极性正确，"－"表示极性不正确），并记录开路电压数值于表 11-6 中。

表 11-6　光伏组串开路电压测试记录表

组串编号	开路电压/V	组串编号	开路电压/V

　　c.从耗材箱内取出红、黑颜色的 $4mm^2$ 光伏专用电缆（图 11-4）各一卷，分别裁剪长度适宜的红色、黑色光伏专用电缆各 4 根。

　　d.制作 MC4 连接器（图 11-15）：

　　(a)将裁剪好的 8 根光伏专用电缆用剥线钳将 2 端各剥去 7mm，套上冷压端子（注意区别正负极冷压端子）；

　　(b)利用压线钳将电缆线端集束在接线端子；

　　(c)将电缆穿过电缆密封套，插入绝缘套筒直到扣紧，轻拉线缆确保已连接紧固，用专用扳手将密封套和绝缘套筒紧固。

　　e.将制作好的红色延长线的负极端子与组件串的正极端子连接，将黑色延长线的正极端子与组件串的负极端子连接。

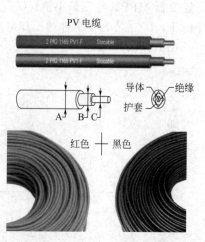

图 11-14　光伏专用电缆

　　f.连接光伏专用电缆后，使用万用表直流电压挡测量 PV1、PV2、PV3、PV4 组串的开路电压和极性，将万用表红色探针连接组串正极端子，黑色探针连接组串负极端子，观察电压示数（注意："＋"表示极性正确，"－"表示极性不正确），并记录开路电压数值于表 11-7 中。

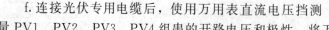

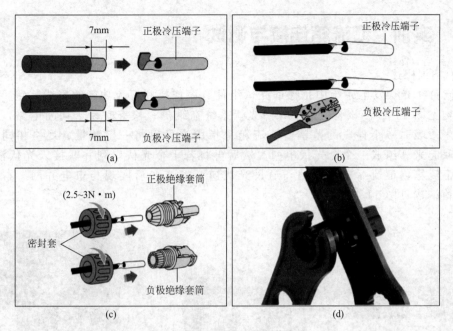

图 11-15　MC4 连接器制作方法

表 11-7　光伏组串开路电压测试记录表（连接光伏专用电缆后）

组串编号	开路电压/V	组串编号	开路电压/V
PV1		PV3	
PV2		PV4	

g. 完成测量后，将红色延长线另一端的正极端子与光伏阵列模拟模块正极（负极端子）连接，将黑色延长线另一端的负极端子与组件串的负极（正极端子）连接。连接完成后的光伏组件示例见图 11-16。

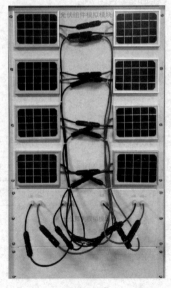

图 11-16　连接完成后的光伏组件示例

11. 4　实训　汇流箱连接与测试

(1) 实训概述

汇流箱在光伏发电系统中是保证光伏组件有序连接和汇流功能的接线装置,典型汇流箱结构见图 11-17。该装置能够保障光伏系统在维护、检查时易于切断电路,当光伏系统发生故障时减小停电的范围。汇流箱是指用户可以将一定数量、规格相同的光伏电池串联起来,组成一个个光伏串列,然后再将若干个光伏串列并联接入光伏汇流箱,在光伏汇流箱内汇流后输出 1 路,通过光伏逆变器逆变后实现与市电并网。本系统所用汇流箱结构见图 11-18。

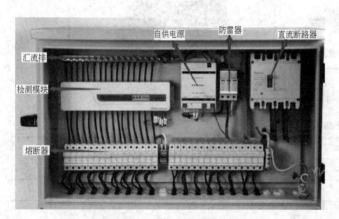

图 11-17　典型汇流箱结构

图 11-18　本系统汇流箱结构

(2) 实训目的

① 掌握直流汇流箱的工作原理和基本组成。

② 掌握直流汇流箱的直流侧和通信的接线。

③ 掌握直流汇流箱安装后的测试方法。

(3) 实训内容

① 完成直流侧进线、出线的接线。

② 完成通信线的连接。

③ 完成直流汇流箱安装后的调试。

汇流箱装调与检测安装工具及耗材分别见表 11-8 和表 11-9。

表 11-8　汇流箱装调与检测安装工具

序号	工具	使用目的
1	剥线钳	剥 $4mm^2$ 以下光伏电缆
2	压线钳	压 $4mm^2$ 以下接线端
3	钳型表	测试开路电压
4	十字螺丝刀	紧固各种螺栓

表 11-9 汇流箱装调与检测安装耗材

序号	辅材	使用目的
1	4mm^2 绝缘保护套接线端子	熔断器座进线、直流断路器出线
2	1.5mm^2 绝缘保护套接线端子	通信电缆线
3	2.5mm^2 绝缘保护套接线端子	接地线使用
4	电缆标签	标注进、出电缆对应位置

(4) 实训步骤

① 直流输入侧接线

a. 打开直流汇流箱，将光伏专用直流断路器置于 "OFF" 状态且拉开所有的保险丝；

b. 拧松汇流箱的下端防水端子的收紧螺母，将组串正、负极光伏电缆穿过防水端子；

c. 对应支路的光伏电缆分别套入号码管，用剥线钳剥开光伏电缆的防护层、绝缘层，至导线的铜芯部分露出约 12mm；

d. 使用带绝缘保护套接线端子，用专用的压线钳压接牢固；

e. 用十字螺丝刀松开保险丝座的固定螺栓，将压接完成的线缆的铜芯部分插入保险丝的底部接线孔内，并紧固螺栓，旋紧进线电缆防水接头保护盖。

② 直流输出侧接线

a. 用剥线钳剥开输出直流电缆的防护层、绝缘侧，至导线的铜芯部分露出约 12mm；

b. 使用带绝缘保护套的接线端子，用专用的压线钳压接牢固；

c. 拧松防水端子，将导线穿过电缆接头，将做好的导线接入到断路器上端并紧固固定螺栓。

③ 接地线连接 用 BVR1×2.5mm^2 黄绿双色线一端连接汇流箱接地汇流排，另一端连接工位接地点。

④ 通信线、24V 电源线连接

a. 拧松汇流箱的下端通信线、24V 电源线防水端子的收紧螺母；

b. 用剥线钳剥开通信线、24V 电源线防护层、屏蔽层、绝缘层，露出铜芯约 7mm，通信线穿入带有 485＋、485－的号码管（一般蓝色为负），蓝色电源线穿入带有 0V 的号码管，灰色电源线穿入带有 24V 的号码管；

c. 使用带绝缘保护套接线端子，用专用的压线钳压接牢固；

d. 将通信电缆、24V 电源分别接入端子排的通信端子、电源端子上（如果有 PG 端子，请将通信电缆屏蔽层接在 PG 端子上）；

e. 将通信电缆的另一端接入通信模块的汇流箱端口，24V 电源线另一端接入实训平台侧面 24V 端子排上。

⑤ 通电前检查 检查汇流箱进、出、通信及接地线连接是否正确、牢固且无虚接，检查熔断器、断路器、防雷器功能是否正常。

⑥ 通电调试

a. 依次闭合所有支路熔断器、输出断路器及保护熔断器，使用万用表电压挡测量总输出直流断路器下端输出电压，应在 72V 左右；

b. 闭合支路熔断器前，进行组串开路电压测试，用万用表正负极依次测量对应回路的开路电压，确保每一路电压均为 36V 左右，且单元偏差小于 10V 或不超过 5%；

c. 将调试结果填写至表 11-10。

表 11-10　直流汇流箱检查与调试记录表

序号	步骤	检查与调试内容		自检结果	
1	通电前检查	直流进线侧接线检查	接线正确,接线工艺符合要求且牢固可靠无虚接	是否满足要求	
		直流出线侧接线检查	接线正确,接线工艺符合要求且牢固可靠无虚接	是否满足要求	
		通信线接线检查	接线正确,接线工艺符合要求且牢固可靠无虚接	是否满足要求	
		接地线接线检查	接线正确,接线工艺符合要求且牢固可靠无虚接	是否满足要求	
		熔断器功能检查	直流熔断器是否正常工作	是否满足要求	
		断路器功能检查	直流输出断路器是否能正常分闸、合闸	是否满足要求	
		防雷器功能检查	直流防雷器是否失效	是否满足要求	
2	通电调试	直流输入电压		是否满足要求	
		回路编号	电压/V		
		PV1			
		PV2			
		PV3			
		PV4			
		直流输出电压			
		电压/V			

11.5　实训　逆变器连接与测试

(1) 实训概述

通常,把将交流电变换成直流电的过程称为整流,把完成整流功能的电路称为整流电路,把实现整流过程的装置称为整流设备或整流器。与之相对应,把将直流电变换成交流电的过程称为逆变,把完成逆变功能的电路称为逆变电路,把实现逆变过程的装置称为逆变设备或逆变器。并网逆变器是并网发电系统的核心部分,其主要功能是将光伏组件发出的直流电逆变成单相交流电,并送入电网,同时实现对中间电压的稳定,便于前级升压斩波器对最大功率点的跟踪,并且具有完善的并网保护功能,保证系统能够安全可靠地运行。

目前并网逆变器主要集中于 DC/DC 和 DC/AC 两级能量变换的结构。DC/DC 变换环节调整光伏阵列的工作点,使其跟踪最大功率点;DC/AC 逆变环节主要使输出电流与电网电压同相位,同时获得单位功率因数。如图 11-19 所示,本系统采用两级式设计,前级为升压斩波器,后级为全桥式逆变器。前级用于最大功率追踪,后级实现对并网电流的控制。控制都是由 DSP 芯片 TMS320F2812 协调完成的。

逆变器装调与检测模块如图 11-8 所示,采用 700Wp 组串式逆变器,具有全数字化控制技术、先进的拓扑结构、精确的 MPPT 算法、超高开关频率技术及多重保护功能。其主要技术参数见表 11-11。逆变器操作面板见图 11-20,按键及指示灯说明见表 11-12。

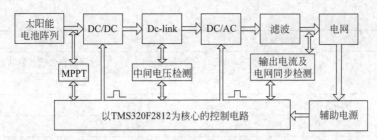

图 11-19　逆变器结构

表 11-11　逆变器技术参数

型号	GCI-Mini(700)-4G
直流输入参数	
最大允许输入功率/W	900
最大输入电压/V	600
最大输入电流/A	11
MPPT 电压跟踪范围/V	50~500
MPPT 路数	1
每路 MPPT 最大输入组串数	1
交流输出参数	
额定输出功率/W	700
最大输出功率/W	800
额定电网电压/V	L/N/PE,220

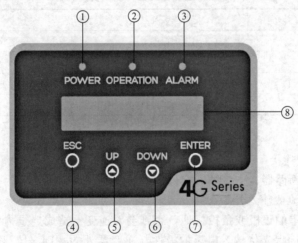

图 11-20　逆变器操作面板

表 11-12　逆变器操作面板按键及指示灯说明

编号	按键及指示灯		说明
①	电源指示灯	亮	逆变器检测到直流电压
		灭	直流输入电压过低或没有
②	操作指示灯	亮	逆变器运行正常
		灭	逆变器停止发电
		闪烁	逆变器正在初始化

续表

编号	按键及指示灯		说明
③	警示灯	亮	检测到警告或故障状态
		灭	逆变器运行正常
④	退出键		
⑤	上翻页		
⑥	下翻页		
⑦	进入键		
⑧	LCD 显示屏		

(2) 实训目的

① 掌握并网逆变器的安装。

② 掌握并网逆变器的接线方法。

③ 掌握并网逆变器的工作原理。

④ 掌握并网逆变器的参数设置。

(3) 实训内容

① 完成并网逆变器输入、输出和通信线接线。

② 完成并网逆变器参数设置。

逆变器连接与测试安装工具与汇流箱一样，详见表 11-8，逆变器的安装耗材见表 11-13。

表 11-13 逆变器连接与测试安装耗材

序号	安装耗材	使用目的
1	交流端子	交流出线连接
2	$1.5mm^2$ 绝缘保护套接线端子	通信电缆线
3	光伏专用连接器	直流进线连接
4	$2.5mm^2$ 绝缘保护套接线端子	接地线使用

(4) 实训步骤

① 逆变器的电气连接

a. 关闭电网市电断路器；

b. 关闭逆变器直流侧输入开关；

c. 请勿将光伏组串的正极或负极接地，否则会对逆变器造成严重损伤；

d. 连接之前，需确保光伏输入电压的极性与逆变器外的"DC＋"和"DC－"的标识相对应；

e. 连接逆变器之前，需确保最大 PV 直流输入电压在逆变器的承受范围之内。

② 直流输入侧连接

a. 将 $4mm^2$ 直流电缆，压接 MC4 插头；

b. 将直流连接器连接到逆变器，轻微的"咔哒"声证明连接妥当；

③ 交流输出侧连接

a. 拆开交流连接器，将 $2.5mm^2$ 的户外交流电缆线用剥线钳剥出 9mm；

b. 将黄绿线固定到接地端，将红线（或褐色线）固定到火线端（L 端），将蓝线（或黑线）固定到零线端（N 端），紧固连接器上的螺栓，轻拽线缆以确保连接稳固；

c. 将螺母和端子连接在一起；

d. 将交流电网终端连接到逆变器上，将端子头向右旋转，听到轻微的"咔哒"声表示连接妥当。

④ 外部接地线连接　将 2.5mm² 黄绿线剥出 7mm，使用压线钳将规格为 M4 的 OT 端子与黄绿线压接牢固，并使用 M4 螺栓固定在逆变器右侧接地孔位上；采用同样方式，将黄绿线的另一端与工位接地点固定。

⑤ 通信线连接　将 RS 485 通信线的红色和黑色线分别接入逆变器对应的 RS 485 通信端子 3 和 4 端口，另一端接入通信模块的逆变器端口。

⑥ 通电前检查　检查逆变器进、出、通信及接地线连接是否正确、牢固且无虚接。

⑦ 通电调试

a. 将汇流箱的直流保险丝全部合上，然后合上汇流箱直流输出断路器；

b. 闭合交流断路器，将交流电送至逆变器的交流输出侧；

c. 将逆变器上的直流开关置于 ON 状态，如果逆变器检查到直流电压，POWER 将被点亮；

d. 逆变器进行系统检测，其间 ALARM 指示灯会被点亮，持续时间 300s 左右，当听到逆变器内部继电器吸合的声音后，ALARM 指示灯会熄灭，OPERATION 指示灯会被点亮且显示为绿色，此时逆变器正常启动运行；

e. 使用万用表测量逆变器运行参数，将调试结果填写至表 11-14。

表 11-14　并网逆变器检查与调试记录表

序号	步骤	检查与调试内容		自检结果	
1	通电前检查	直流侧接线检查	接线正确，接线工艺符合要求且牢固可靠无虚接	是否满足要求	
		交流侧接线检查	接线正确，接线工艺符合要求且牢固可靠无虚接	是否满足要求	
		通信线接线检查	接线正确，接线工艺符合要求且牢固可靠无虚接	是否满足要求	
		接地线接线检查	接线正确，接线工艺符合要求且牢固可靠无虚接	是否满足要求	
2	通电调试	通电前测量	直流侧输入电压测量		是否满足要求
			电压/V		
			交流侧输入电压测量		
			电压/V		
			频率/Hz		
		逆变器运行记录	直流电压/V	直流电流/A	
			交流电压/V	交流电流/A	
			输出功率/W	电网频率/Hz	
		防孤岛检测	防孤岛功能是否正常	是否满足要求	

参考文献

［1］ 张存彪.光伏电站建设与施工［M］.北京：化学工业出版社，2013.

［2］ 周志敏.分布式光伏发电系统工程设计与实例［M］.北京：中国电力出版社，2014.

［3］ 宁亚东.太阳能光伏发电系统的设计与施工［M］.北京：科学出版社，2010.

［4］ 李钟实.太阳能光伏发电系统设计施工与应用［M］.北京：人民邮电出版社，2012.

［5］ 刘靖.光伏技术应用［M］.北京：化学工业出版社，2011.

［6］ 郭家宝.光伏发电站设计关键技术［M］.北京：中国电力出版社，2014.

［7］ 杨贵恒.太阳能光伏发电系统及其应用［M］.北京：化学工业出版社，2015.

［8］ 张兴.太阳能光伏并网发电及其逆变控制［M］.北京：机械工业出版社，2011.

［9］ 何道清.太阳能光伏发电系统原理与应用技术［M］.北京：化学工业出版社，2012.

［10］ Keyhani A.智能电网可再生能源系统设计［M］.2 版.刘长浥，等译.北京：机械工业出版社，2020.

［11］ 刘念，张建华.用户侧智能微电网的优化能量管理方法［M］.北京：科学出版社，2019.

［12］ 全国量度继电器和保护设备标准化技术委员会.智能微电网保护设备技术导则：GB/Z 34161—2017［S］.北京：中国标准出版社，2017.

［13］ 张清小，葛庆.智能微电网应用技术［M］.北京：中国铁道出版社，2016.